Ernst Probst

Das Steinzeit-Grab von Bonn-Oberkassel

Ein rätselhafter Fund
aus der Zeit der Federmesser-Gruppen

Widmung
*Allen Prähistorikern und Prähistorikerinnen gewidmet,
die mich bei meinen Büchern über die Steinzeit
unterstützt haben*

Impressum:
Das Steinzeit-Grab von Bonn-Oberkassel
1. Auflage als Printbuch: Mai 2021
Autor: Ernst Probst
Im See 11, 55246 Mainz-Kostheim
Telefon: 06134/21152
E-Mail: ernst.probst (at) gmx.de
Herstellung: Amazon Distribution GmbH, Leipzig
Alle Rechte vorbehalten
ISBN: 979-8-739-18952-3

Vorwort

Nach einem aus Feuerstein hergestellten Waffenteil, mit dem man Pfeile und Speere bewehrte, ist eine Kulturstufe der Altsteinzeit benannt, die vor etwa 14.000 bis 12.800 Jahren in Deutschland existierte. Um diese Kulturstufe namens Federmesser-Gruppen geht es in dem Taschenbuch „Das Steinzeit-Grab von Bonn-Oberkassel" des Wiesbadener Wissenschaftsautors Ernst Probst. Den Begriff Federmesser-Gruppen hat 1954 der Prähistoriker Hermann Schwabedissen eingeführt. Die Federmesser-Leute gelten als die ersten Jäger in Deutschland, die scheue und gefährliche Tiere mit Pfeil und Bogen erlegten. Wie ihre Vorgänger aus dem Magdalénien hielten sie Hunde als Haustiere. Eine Darstellung auf einem steinernen Pfeilschaftglätter zeigt vielleicht eine Tanzszene. Der berühmteste Fund aus der Zeit der Federmesser-Gruppen ist die 1914 in Oberkassel bei Bonn entdeckte Doppelbestattung eines alten Mannes und einer jungen Frau mit zwei Hunden, die noch manches Rätsel aufgibt. In die Zeit der Federmesser-Leute fiel ein verheerender Ausbruch des Laacher Vulkans vor etwa 13.000 Jahren.

*Doppelbestattung eines alten Mannes
und einer jungen Frau von Oberkassel bei Bonn.
zur Zeit der Federmesser-Gruppen.
Zeichnung von Fritz Wendler (1941–1995)
für das Buch „Deutschland in der Steinzeit (1991)
von Ernst Probst*

Inhalt

Vorwort / Seite 3

Das Steinzeit-Grab von Bonn-Oberkassel / Seite 7

Literatur / Seite 125

Der Autor / Seite 139

Bücher von Ernst Probst / Seite 141

*Tübinger Prähistoriker Robert Rudolf Schmidt (1882–1950).
Aufnahme eines unbekeannen Fotografen vor 1950*

Das Steinzeit-Grab von Bonn-Oberkassel

Als Nachfolger der „Hamburger Kultur" in Schleswig-Holstein und im südlichen Niedersachsen sowie des Magdalénien in den daran angrenzenden Gebieten traten vor etwa 14.000 bis 12.800 Jahren die nach einem typischen Waffenteil bezeichneten Federmesser-Gruppen in Deutschland auf. Sie waren auch in Holland und Belgien verbreitet. Die Federmesser-Gruppen werden dem Spätpaläolithikum bzw. dem Spätmagdalénien zugerechnet.

Als Federmesser bezeichnete 1912 der Tübinger Prähistoriker Robert Rudolf Schmidt (1882–1950) ein aus Feuerstein hergestelltes kleines Messer mit bogenförmiger Rundbearbeitung. Der Name beruht darauf, dass diese Messer den Federmessern ähneln, mit denen man in früheren Zeiten die Schreibfedern spitzte. Statt von Federmessern spricht man auch von Rückenmessern oder Rückenspitzen.

Den Begriff Federmesser-Gruppen hat 1954 der damals in Kiel lehrende Prähistoriker Hermann Schwabedissen (1911–1994) in die Fachliteratur eingeführt. Dabei unterschied er zwischen drei Gruppen, auf die wir später noch zurückkommen werden.

Laut dem Buch „Deutschland in der Steinzeit" (1991) des Wiesbadener Wissenschaftsautors Ernst Probst gebührt Hermann Schwabedissen die Ehre, 1954 den Ausdruck Federmesser-Gruppen geprägt zu haben. Dagegen liest man heute im Online-Lexikon „Wikipedia", der dänische Buchhändler, Buchdrucker und Vorgeschichtsforscher Hendrik Jan Popping (1885–

*Prähistoriker Hermann Schwabedissen (1911–1994).
Foto: Archäologisches Landesmuseum
der Christian-Albrechts-Universität zu Kiel,
Schloss Gottorf*

1950) habe 1933 den Namen Federmesser-Gruppen nach dem häufigsten Werkzeugtyp aus Feuerstein, dem Federmesser, eingeführt. „Wikipedia" zufolge liegen Datierungen der Federmesser-Gruppen zwischen ca. 12.000 und 10.800 v. Chr., was etwa 14.000 bis 12.800 Jahren vor heute entspricht. In Bayern verwendet man statt des Begriffes Federmesser-Gruppen die Synonyme Azilien (nach der Höhle Mas d'Azil in Frankreich), Rückenspitzen-Gruppen und Atzenhofer Gruppe (nach dem Fundort Atzenhof im Kreis Fürth/Bayern). Den Begriff Azilien hat 1895 der französische Richter und Heimatforscher Édouard Piette (1827–1906) aus Rumigny eingeführt. Er hatte 1887 bis 1889 in der Höhle Mas d'Azil im Département Ariège gegraben und über Schichten aus dem Magdalénien eine neue Kulturstufe entdeckt. Vom Rückenspitzen-Kreis sprach 1998 die Prähistorikerin Eva-Marie Ikinger in ihrer Dissertation. Der Name Atzenhofer Gruppe wurde 1974 von dem Antiquitätenhändler und privaten Vorgeschichtsforscher Werner Schönweiß (1936–2001) aus Coburg geprägt.
Die Federmesser-Gruppen fielen geringfügig noch in die Warmphase Meiendorf-Interstadial vor etwa 14.500 bis 13.850 Jahren. Sie ist nach dem Pollenprofil von Hamburg-Meiendorf benannt. Die Begriffe Meiendorf-Intervall und Meiendorf-Interstadial wurden 1968 bzw. 1985 von dem Kieler Geologen Burchard Menke geprägt. Im Meiendorf-Interstadial gedieh eine Strauchtundra mit einem hohen Anteil von Sonnenpflanzen, Zwergbirken, Weiden, Sanddorn und Wacholder. Die Wintertemperaturen nahmen damals bis zu 20 Grad Celsius zu. Statt minus 25 Grad herrschten nun minus 5 Grad und statt minus 15 Grad nun plus 5 Grad. Fellnashörner *(Coelodonta antiquitatis)* und Höhlenhyänen *(Crocuta crocuta spelaea)* waren bereits verschwunden und Mammute *(Mammuthus primigenius)* selten. Höhlenlöwen *(Panthera spelaea)* gab es nur noch zu Beginn des Meiendorf-Interstadials.

*Französischer Richter und Heimatforscher
Édouard Piette (1827–1906) aus Rumigny.
Foto: Museum Toulouse / CC BY-SA 4.0
(via Wikimedia Commons),
liuzensiert unter Creative-Commons-Lizenz by-sa-4.0,
https://creativecommons.org/licenses/by-sa/4.0/legalcode*

Antiquitätenhändler und privater Vorgeschichtsforscher Werner Schönweiß (1936–2001) aus Coburg. Aufnahme eines unbekannten Fotografen

*Lebensbilder von Fellnashorn (oben)
und Höhlenlöwe (unten),
geschaffen von dem Berliner Tiermaler
Heinrich Harder (1858–1935)*

In der Ältesten Dryaszeit (auch älteste Tundrazeit oder Dryas 1) vor etwa 13.850 bis 13.720 Jahren wurde das Klima merklich kühler. Nun waren die Sommer ein wenig kühler als im Meiendorf-Interstadial, aber die Winter kälter und schneereicher. Der Begriff Dryaszeit beruht auf dem botanischen Gattungsnamen *Dryas* für die Silberwurz. Den Namen Älteste Dryaszeit hat 1942 der dänische Paläoökologe Johannes Iversen (1904–1971) eingeführt. Während der Ältesten Dryaszeit stieg durch Schmelzwasser der Meeresspiegel stark an. Eine weitere Folge des Kälteeinbruchs war die Auflichtung der in der vorhergehenden Warmphase herangewachsenen Birkenwälder. Auch der Ausdruck Bölling-Interstadial für eine Warmphase vor etwa 13.720 bis 13.590 Jahren geht auf Johannes Iversen zurück. Er erinnert an einen Ort auf Jütland in Dänemark. Im Bölling-Interstadial breiteten sich Birken stark aus, während Weiden und Wacholder zurückgingen. Irgendwann vor etwa 14.600 bis 12.600 Jahren brach am Puy Montchier im französischen Zentralmassiv ein Vulkan aus.

In der Älteren Dryaszeit (auch ältere Subarktische Zeit oder ältere Parktundrenzeit) vor etwa 13.590 bis 13.400 Jahren verschlechterte sich wieder das Klima. Auch dieser Begriff ist Johannes Iversen zu verdanken. Nun breiteten sich statt Wäldern baumarme parkartige Tundren aus, Ein typisches Gewächs in dieser Kaltzeit war die weißblühende Silberwurz *(Dryas octopetala)*. Sie gilt als charakteristische Pflanze subpolarer Tundrengebiete und der Hochgebirgsregion. Zur damaligen Tierwelt gehörten unter anderem Wildpferd, Rentier, Steinbock und Rothirsch. Mammut, Fellnashorn, Höhlenlöwe und Höhlenbär *(Ursus spelaea)* dagegen waren bereits aus Deutschland verschwunden.

Während der Klimaverbesserung des Alleröd-Interstadials (auch mittlere Subarktische Zeit oder Birken-Kiefernwald-Zeit)

Weiße Silberwurz (Dryas octopetala).
Foto: Jörg Hempel / CC BY-SA 3.0 DE (via Wikimedia Commons),
lizensiert unter Creative-Commons-Lizenz by-sa-3.0,
https://creativecommons.org/licenses/by-sa/3.0/de/legalcode

vor etwa 13.400 bis 12.730 Jahren breiteten sich mit zunehmender Erwärmung zunächst Birken- und später Kiefernwälder aus. Den Namen Alleröd-Interstadial haben 1901 der dänische Paläobotaniker Nikolaj Hartz (1867–1937) und der dänische Geologe Vilhelm Milthers (1865–1962) vorgeschlagen.
Gräser, Kräuter und Blumen, wie sie im Alleröd-Interstadial gediehen, findet man heute noch im Naturschutzgebiet Mainzer Sand zwischen den Mainzer Stadtteilen Mombach und Gonsenheim in Rheinland-Pfalz sowie in bescheidenerem Maße zwischen Eberstadt und Bickenbach bei Darmstadt in Hessen. Der Botaniker Wilhelm Jännicke (1863–1893) aus Frankfurt am Main und der Präparator der Rheinischen Naturforschenden Gesellschaft in Mainz, Wilhelm von Reichenau (1847–1925), erkannten bereits 1889 bzw. 1900, dass es sich beim Mainzer Sand um eine Reliktflora handelt, die mit dem erdgeschichtlichen Geschehen in diesem Gebiet in Zusammenhang steht. Wilhelm von Reichenau war von 1910 bis 1913 Direktor des Naturhistorischen Museums Mainz.
Auf dem welligen Dünengelände des Mainzer Sandes mit Flugsanden aus der Würm-Eiszeit kann man im Frühling die dunkelviolett blühende Gemeine Küchenschelle *(Pulsatilla vulgaris)* und die sehr selten gewordene Violette Schwarzwurzel *(Scorzonera purpurea)* mit hellvioletten Schaublüten beobachten. Außerdem blüht dort zu dieser Jahreszeit das Frühlings-Adonisröschen *(Adonis vernalis)*, das gelbe Farbtupfer setzt. Im Sommer sieht man auf dem Mainzer Sand die Sand-Filzscharte *(Jurinea cyanoides)*, das Ebensträußige Gipskraut *(Gypsophila fastigiata)* und die Sand-Strohblume *(Helichrysum arenarium)* mit gelben bis orangegelben Blütenköpfchen. Im Spätsommer fallen die Federgräser auf, besonders das Haar-Federgras *(Stipa capillata)* und das Grauscheidige Federgras *(Stipa joannis)*. Eine Rarität

*Dänischer Geologe Vilhelm Milthers (1865–1962).
Foto: Dansk Geologisk Forening / http://2dgf.dk
(via Wikimedia Commons),
Lizenz: gemeinfrei (Public domain)*

Wilhelm von Reichenau (1847–1925),
von 1910 bis 1913
Direktor des Naturhistorischen Museums Mainz.
Foto: Naturhistorisches Museum Mainz /
Landessammlung
für Naturkunde Rheinland-Pfalz

Gemeine Küchenschelle (Pulsatilla vulgaris).
Foto: Mg-k / CC BY-SA 3.0 (via Wikimedia Commonst,
lizensiert unter Creative-Commons-Lizenz by-sa-3.0,
https://creativecommons.org/licenses/by-sa/3.0/legalcode

*Frühlings-Adonisröschen (Adonis vernalis) im Mainzer Sand.
Foto: Bodow / CC BY-SA 4.0 (via Wikimedia Commons),
lizsiert unter Creative-Commons-Lizenz by-sa-4.0,
https://creativecommons.org/licenses/by-sa/4.0/legalcode*

Luftaufnahme des Laacher Sees in der Vulkaneifel.
Foto: Df1paw / CC BY-SA 4.0 (via Wikimedia Commons),
lizensiert unter Creative-Commons-Lizenz by-sa-4.0,
https://creativecommons.org/licenses/by-sa/4.0/legalcode

in der Steppenflora des Mainzer Sandes ist die Sand-Lotwurz *(Onosma arenaria),* die sonst nirgendwo in Deutschland gedeiht. Die Flora des Mainzer Sandes umfasst Pflanzen der russischen Tundra (sarmantisches Gebiet), der russischen und ungarischen Steppen (pontisch-pannonisches Gebiet) sowie des Schwarzmeer- und Mittelmeerraumes (pontisch-mediterranes Gebiet). Leider wird dieses Naturschutzgebiet von einer Autobahn durchschnitten, durch Neubaugebiete eingeengt und durch von den Wegen abweichende Spaziergänger zertrampelt.
Vor fast 13.000 Jahren – also noch in der Zeit des Alleröd-Interstadials und der Federmesser-Gruppen – ereignete sich ein verheerender Ausbruch des Laacher Vulkans in der Vulkaneifel. Als Zeuge dieser Naturkatastrophe gilt der heutige 1.964 mal 1.186 Meter große und bis zu 53 Meter tiefe Laacher See, der mit einer Fläche von rund 3,3 Kilometern als größter See in Rheinland-Pfalz gilt. Geologisch betrachtet ist dieser See weder ein Kratersee noch ein Maar. Stattdessen handelt es sich um ein wassergefülltes Becken (Caldera), welches durch das Absacken der Decke der entleerten Magmakammer entstand. Im Laufe der Zeit füllte sich dieser Kessel mit Wasser.
Beim wenige Tage dauernden Ausbruch des Laacher Vulkans wurden riesige Mengen vulkanischer Asche und Bims ausgeschleudert, welche die Landschaft bis zum Rheintal maximal sieben Meter dick begruben. In Kraternähe waren die vulkanischen Ablagerungen sogar bis zu 60 Meter mächtig. Das Auswurfmaterial verstopfte die Talenge des Rheins an der Andernacher Pforte. Der aufgestaute Fluss wuchs zum See an, der über das Neuwieder Becken bis zum Oberrhein reichte. Nach dem Dammbruch an der Andernacher Pforte überschwemmte die Flutwelle weite Bereiche des Niederrheins. Der schwefelreiche Ausbruch des Laacher Vulkans wird als Auslöser

*Gasblasen (Mofetten) am Nordufer des Laacher Sees.
Sie sind eine Begleiterscheinung von Vulkanismus.
Der Begriff Mofette leitet sich vom italienischen Wort mofeta ab,
welches vom lateinischen mefitis oder mephitis stammt,
und bedeutet so viel wie „schädliche Ausdünstung".
Foto: Peter Wiedehage / CC BY-SA 4.0 (via Wikimedia Commons),
lizensiert unter Creative-Commons-Lizenz by-sa-4.0,
https://creativecommons.org/licenses/by-sa/4.0/legalcode*

Die Wingertsbergwand bei Mendig ist eine bis zu 60 Meter hohe und mehrere hundert Meter lange Bims- und Tuffwand. Dabei handelt es sich um Auswurfprodukte des zwei Kilometer entfernten Laacher Vulkans, der vor fast 13.000 Jahren ausbrach.
Foto: Kappest / CC BY-SA 4.0 (via Wikimedia Commons) lizensiert unter Creative-Commons-Lizenz by-sa-4.0, https://creativecommons.org/licenses/by-sa/4.0/legalcode

*Ausbruch des Vulkans Mount S. Helens
im US-Bundesstaat Washington 1980.
Der Ausbruch des Laacher Vulkans
vor fast 13.000 Jahre war sechsmal so stark
wie derjenige des Mount S. Helens von 1980.
Foto: Austin Post (1922–2012), United States Geological Survwey
(USGS) (via Wikimedia Commons),
Lizenz: gemeinfrei (Public domain)*

der Klimaanomalie in der jüngeren Dryas-Kaltzeit (vor etwa 12.730 bis 11.700 Jahren) diskutiert.
Laut dem Online-Lexikon „Wikipedia" war der Ausbruch des Laacher Vulkans vor fast 13.000 Jahren anderthalbmal so stark wie der des Pinatubo auf den Philippinen 1991 oder sechsmal so stark wie der Ausbruch des Mount S. Helens im US-Bundesstaat Washington 1980. Feinere Ablagerungen der Aschewolken wurden im Norden bis nach Schweden und im Süden bis nach Norditalien verfrachtet.
Bei der Vulkankatastrophe im Gebiet des Laacher Sees sind im Neuwieder Becken am Mittelrhein weithin Wälder aus dem Alleröd-Interstadial unter Auswurfmassen begraben worden. So entstand eine unvergleichliche Momentaufnahme der Pflanzenwelt vor fast 13.000 Jahren. Vor diesem Vulkanausbruch wuchsen – nach den Funden unter der mehrere Meter mächtigen Bimsschicht zu schließen – im Neuwieder Becken unter anderem Birken, Kiefern, Traubenkirschen, Weiden und Pappeln. Diese Bäume sind aufrecht stehend durch den auf sie fallenden Bims verschüttet worden und nicht verbrannt. Die Pappeln von der Fundstelle Miesenheim II (Kreis Mayen-Koblenz) im Nettetal hatten bis zu 70 Zentimeter dicke Stämme. In Thür bei Mayen fand man sogar einen Birkenstamm, an dem ein Mensch mit einem Steinwerkzeug – vielleicht bei der Gewinnung von Rinde – zwei Kerben angebracht hatte.
Die Vulkankatastrophe im Gebiet des Laacher Sees hat offenbar kaum größere Tiere überrascht. Von ihnen wurden nur selten Skelettreste unter dem Bims geborgen. Vermutlich sind die großen Tiere durch gewisse Vorzeichen eines Ausbruches in die Flucht gejagt worden. Viele Schnecken, Käfer, aber auch Nagetiere kamen jedoch durch den „Bimsregen" ums Leben.
Bei Mertloch (Kreis Mayen-Koblenz) wurden 1993 bei archäologischen Untersuchungen erstmals Tierfährten auf einer

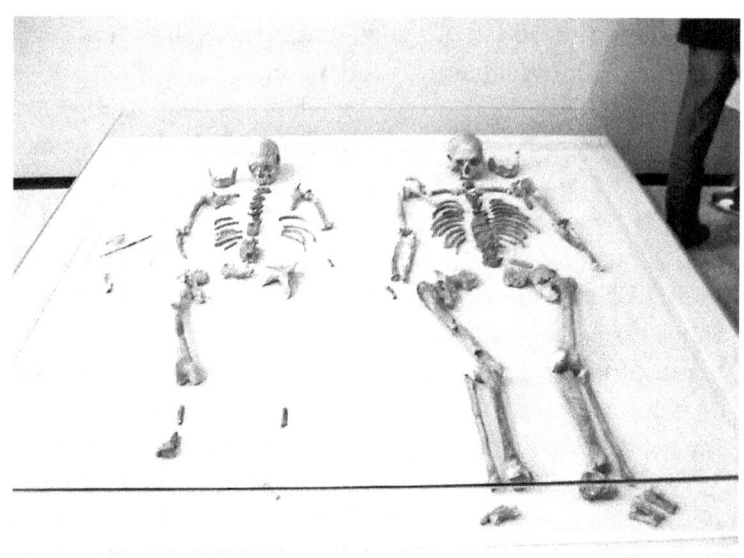

*Skelette der Doppelbestattung von Oberkassel bei Bonn
in einer Vitrine des LVR-Landesmuseums Bonn.
Links die junge Frau, rechts der alte Mann.
Foto: Hans Weingartz (User Leonce) (via Wikimedia Commons),
Lizenz: gemeinfrei (Public domain)*

wenige Zentimeter dicken Ascheschicht erkannt, die in einer mittleren Phase des Vulkanausbruches entstanden war. Von 1996 bis 1999 hat man immer wieder größere Flächen im Vorfeld der industriellen Bimsausbeute auf die Erhaltung von Tierfährten hin untersucht. Nachgewiesen werden konnten Fußabdrücke von Wildpferden, Braunbären, Rotwild und Auerwild. Die längste Fährte eines Braunbären ließ sich fast 70 Meter weit verfolgen.
Nach dem Vulkanausbruch gegen Ende des Alleröd-Interstadials dürfte das Neuwieder Becken einige Jahrtausende lang eine trostlose Bimswüste gewesen sein, ehe es erneut von einem grünen Pflanzenkleid überzogen sowie von größeren Tieren und Menschen besiedelt wurde.
Am Ende des Alleröd-Interstadials kam es gebiets- und zeitweise zu ausgedehnten Bränden der ausgedörrten Kiefernwälder. Als eine charakteristische Brandschicht aus dieser Zeit gilt der nach einem holländischen Fundort benannte Usselo-Horizont.
Im Alleröd-Interstadial waren in den meisten Gebieten Deutschlands die Wildpferde und Rentiere bereits verschwunden. In Baden-Württemberg beispielsweise gab es vor allem Rothirsche und Rehe und nur noch sehr selten Elche. Im Rheinland lebten zahlreiche Hirsche, aber auch Biber, Auerochsen, Elche, Gämsen, Dachse und gelegentlich sogar noch Wildpferde.
Als das Buch „Deutschland in der Steinzeit" (1991) des Wiesbadener Wissenschaftsautors Ernst Probst erschien, datierte man die Doppelbestattung eines alten Mannes und einer jungen Frau im Basaltsteinbruch „Am Stingenberg" von Oberkassel bei Bonn auf der rechten Rheinseite in die Kulturstufe Magdalénien, die in Deutschland vor etwa 18.000 bis 14.000 Jahren existierte. Heute werden diese beiden weitgehend erhaltenen

*Fundstelle (weißes Kreuz) der Doppelbestattung
im Steinbruch „Am Stingenberg" von Oberkassel bei Bonn.
Foto von 1914, veröffentlicht in
Max Verworn, Robert Bonnet, Gustav Steinmann:
Der diluviale Menschenfund von Obercassel bei Bonn, Wiesbaden 1919
(via Wikimedia Commons),
Lizenz: gemeinfrei (Public domain)*

*Historische Aufnahme des Basaltfelsens Rabenlay
mit Hinweis (weißer Pfeil) auf die Fundstelle der Doppelbestattung.
Foto von 1914, veröffentlicht in
Max Verworn, Robert Bonnet, Gustav Steinmann:
Der diluviale Menschenfund von Obercassel bei Bonn, Wiesbaden 1919
(via Wikimedia Commons),
Lizenz: gemeinfrei (Public domain)*

*Steinbruchbesitzer Peter Uhrmacher junior (1881–1947).
Foto: Familienarchiv Robert Uhrmacher*

Skelette zu den Federmesser-Gruppen vor etwa 14.000 bis 12.800 Jahren gerechnet.
Im Steinbruch „Am Stingenberg" von Oberkassel hatte man seit den 1830er Jahren Basalt abgebaut. 1838 waren dort bereits 10 bis 30 Arbeiter beschäftigt. Der Basalt war vor etwa 25 Millionen Jahren bei Vulkanausbrüchen entlang einer Spalte parallel zum Rhein aufgestiegen. Er ist ein Zeugnis des Vulkanismus im Siebengebirge. Die Fundstelle der Doppelbestattung lag an der Rabenlay bzw. Rabenley (ursprünglich Casseler Ley), einem ins Rheintal vorspringenden Basaltfelsen. Dessen südlicher Vorsprung wurde zum Zeitpunkt der Entdeckung an zwei Stellen als Steinbruch abgebaut. Im nördlichen Bereich kamen die Funde „Am Stingenberg" zum Vorschein. Bevor man den Steinbruch „Am Stingenberg" betrieb, existierte dort ein Steilabsturz, den man durch den Steinbruchbetrieb beseitigte. Die Fundstelle des Doppelgrabes lag am Fuß des Steilabsturzes in einer Höhe von 99 Metern über dem Meeresspiegel.
„Anfang des Jahres 1914 beschloss der Steinbruchbesitzer Peter Uhrmacher, in seinem Steinbruch „Im Stingenberg" und bei Bonn-Oberkassel gelegen, einen Teil eines Hügels einzuebnen, um dort zum einen den Zugang zum Steinbruch zu erleichtern und zum andern dort eine Gleisanlage zum Transport des gebrochenen Steines mit Förderwagen zu ermöglichen. Er beauftragte seinen Vorarbeiter Engelbert Nolden, der aus Oberdollendorf stammte und jahrelang selber im Steinbruch Basalt gebrochen hatte, mit ein paar Arbeitern den Hügel abzutragen. Im Februar wurde die Arbeit begonnen." Dies schrieb 2018 Robert Uhrmacher, ein Nachfahre der Steinbruchbesitzer Peter Uhrmacher senior (gestorben 1924) und Peter Uhrmacher junior (1881–1947), in einem Artikel über die Steinzeitmenschen von Oberkassel im Internet. Mitglieder der Familie Uhrmacher betrieben im Raum Oberkassel und anderswo

*Foto oben links:
Engelbert Nolden (1865–1934),
der Entdecker
der Doppelbestattung
von Oberkassel bei Bonn,
bei der Kommunionfeier seiner
Enkelin Sybille Schumacher.*

*Foto unten:
Engelbert Nolden
mit seinem Enkel Karl Schumacher
auf dem Schoß.
Fotos: Karl Schumacher,
Oberdollendorf*

zahlreiche Basaltsteinbrüche. Nach Basalt, den man vor allem als Schotter für den Gleis- und Straßenbau benötigte, bestand eine große Nachfrage. Bis zum 14. August 1936 galt noch die Schreibweise „Obercassel" mit „c".
Einem Bericht des Heimatforschers und Buchautors Hermann-Joseph Löhr (1950–2018) im Anzeigenblatt „Rhein-Westerwald" von 19. Mai 2014 zufolge war der Steinbrecher Engelbert Nolden (1865–1934) erst kurze Zeit vor der Entdeckung des Doppelgrabes von Oberkassel im Steinbruch knapp dem Tode entronnen. Nolden arbeitete an der Steilwand in etwa 25 Metern Höhe mit einem Stemmeisen und hatte um seinen Bauch ein Seil gebunden. Das Seil war auf dem oberen Plateau der Felswand mit einem Eisenkeil im Erdreich (oder nach einer anderen Version an einem quergespannten Seil) gesichert. Zehn Meter über Nolden stemmte ein anderer Steinbrecher Basaltsäulen los. Dabei löste sich eine Säule und stürzte auf Nolden zu. Der Steinbrecher über Nolden warnte noch: „Engel, pass op!" Doch zum Glück streifte die Säule direkt über dem Kopf von Nolden eine Felskante und prallte dadurch – sich mehrfach überschlagend – von der Felswand weg nach unten. Danach herrschte Totenstille, bis einer der anderen Arbeiter rief: „Engel, du häst höck dinge zweite Jebortsdag!" („Engelbert, du hast heute deinen zweiten Geburtstag!").
Karl Schumacher, ein Enkel von Engelbert Nolden, schilderte 2003 in dem Beitrag „Der Stein meines Großvaters" ebenfalls den Beinahe-Unfall im Steinbruch „Am Stingenberg" und zudem die Entdeckung der Doppelbestattung von Oberkassel. Nachdem Nolden um Haaresbreite dem Tod entgangen war, verharrte er noch einen Augenblick still auf dem schmalen Felsgrat. Plötzlich hatte er das Gefühl, ein scharfkantiger Fremdkörper würde auf seine Brust drücken. Im offenen Hemdausschnitt ertastete er zwischen seinen Fingern einen

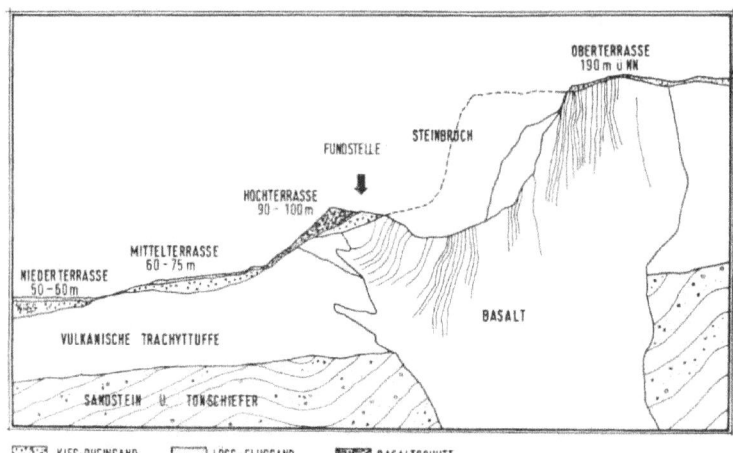

Lageplan der Fundstelle, Zeichnung von H. Bauer nach G. Steinmann 1919

*Profilzeichnung der Fundstelle
der Doppelbestattung von Oberkassel bei Bonn.
Zeichnung von 1914, veröffentlicht in
Max Verworn, Robert Bonnet, Gustav Steinmann:
Der diluviale Menschenfund von Obercassel bei Bonn, Wiesbaden 1919
(via Wikimedia Commons),
Lizenz: gemeinfrei (Public domain)*

etwa nussgroßen Steinsplitter. Diesen Basaltstein trug er sein ganzes Leben lang am Tag und in der Nacht in einem kleinen ledernen Brustbeutel, der an einer Schnur um den Hals hing.
Am nächsten Tag ließ einer der Aufseher im Steinbruch den Steinbrecher Nolden zu sich kommen. Der Vorgesetzte erkundigte sich nach den familiären Verhältnissen von Nolden und erklärte zum Schluss, soviel Glück wie gestern werde dieser nicht ein zweites Mal haben. Aus diesem Grund werde er ab sofort nicht mehr in der Wand arbeiten, sondern künftig Aufgaben im Bodenbereich leiten.
Einige Wochen später waren Nolden und einige Mitarbeiter im Steinbruch mit der Einebnung einens kleinen Erdhügels beschäftigt, der die Anlegung einer Gleistrasse behinderte. Nach kurzer Zeit stießen sie mit ihren Hacken und Schaufeln auf einige flache Basaltplatten, die sie wegräumten.
Das Doppelgrab im Steinbruch „Am Stingenberg" von Oberkassel wurde vielleicht am nasskalten Donnerstag, 12. Februar 1914, entdeckt. Der Fundtag ist nicht mit letzter Sicherheit bekannt. Den ersten Schädel traf der inzwischen zum Vorarbeiter beförderte Engelbert Nolden bei einem Hieb mit seiner Hacke im Basaltschutt. Nach der Bergung des Schädels informierte man den alten, erfahrenen Steinbruchaufseher J. Bonn über diesen Fund. Bonn ließ nun vorsichtig weiterarbeiten, wobei ein zweiter Schädel und andere Skelettknochen zum Vorschein kamen. Wer den zweiten Schädel als erster entdeckt hat, konnte ich nicht herausfinden.
Wie es weiterging, schilderte 1989 die Lehrerin Anne Bauer in der Schrift „Die Steinzeitmenschen von Oberkassel – Ein Bericht über das Doppelgrab am Stingenberg". Ihrer Version zufolge, ging der Vorarbeiter Johann Schonauer aus dem Steinbruch „Am Stingenberg" wie an jedem Arbeitstag zu Fuß in die Wilhelmstraße in Oberkassel zum Mittagessen in seinem

HEIMATVEREIN BONN-OBERKASSEL E.V.

Die Steinzeitmenschen von Oberkassel

Ein Bericht über das
Doppelgrab am Stingenberg

von
Anne Bauer

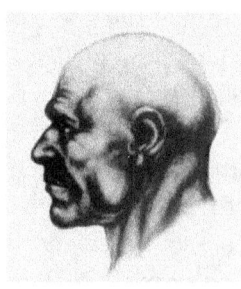 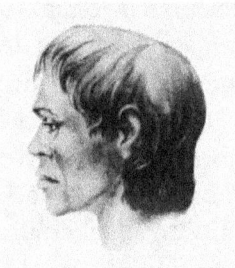

*Titel der Publikation „Die Steinzeitmenschen von Oberkassel –
Ein Bericht über das Doppelgrab am Stingenberg" (2004)
in der Schriftenreihe des Heimatvereins Bonn-Oberkassel e. V.,
verfasst von der Lehrerin Anne Bauer.
Die Abbildungen zeigen Rekonstruktionen des alten Mannes
und der jungen Frau von Oberkassel,
geschaffen von dem russischen Archäologen, Anthropologen
und Bildhauer Michail Michailowitsch Gerassimow (1908–1970).*

Haus. Dort wohnte auch der 22jährige Lehrer Franz Kissel (1891–1977), dem Schonauers Sohn Christian, ebenfalls ein junger Lehrer, ein Zimmer mit Kost und Logis beschafft hatte. Während des Mittagsmahls berichtete Johann Schonauer über den Fund menschlicher Knochen. Der an Heimatgeschichte sehr interessierte Kissel ließ angeblich das Essen stehen und eilte mit dem Fahrrad zum Steinbruch, wo noch Mittagspause herrschte. Anne Bauer schrieb, der Lehrer Franz Kissel habe im Steinbruch seinen großen Augenblick gehabt. Nachdem er den Fund besichtigt habe, sei ihm klar gewesen, dass dieser gesichert und genau untersucht werden musste. Er schlug vor, die Skelettteile erst einmal zu bergen. Er selbst wollte den Steinbruchbesitzer Peter Uhrmacher jun. von dem Fund in Kenntnis setzen. Daraufhin deponierte man die Knochenreste zunächst einmal in einer alten Munitionskiste, die Sprengstoff für die Felssprengungen enthalten hatte, und stellte die Kiste in einer Arbeitshütte im Steinbruch ab. Wichtige Erkenntnisse, die man aus der Lage der Skelette hätte entnehmen können, waren nun für immer unmöglich. Aber der Fund war für die Wissenschaftler zunächst einmal gesichert.
Kissel informierte – laut Anne Bauer – den Steinbruchbesitzer Peter Uhrmacher jun. und überzeugte ihn von der Wichtigkeit des Fundes, indem er den von ihm geborgenen „Haarpfeil" zeigte, der unter dem Kopf des weibliches Skelettes gelegen hatte. Peter Uhrmacher jun. meldete am 18. Februar 1914 den Fund zweier Skelette und eines „Haarpfeils" der Universität Bonn und fragte, ob einer der Herren den Fund in Augenschein nehmen könne. Er sei bereit, diesen der Universität zur wissenschaftlichen Untersuchung zu überlassen.
Karl Schumacher, der bereits erwähnte Enkel von Engelbert Nolden, berichtete später, sein Großvater habe am Abend des 12. Febuar 1914 den Oberkasseler Volksschullehrer Franz

*Lehrer Franz Kissel (1891–1977) aus Oberkassel in jungen Jahren.
Ihm ist es zu verdanken,
dass die im Steinbruch „Am Stingenberg" entdeckten Skelettreste
nicht weggeworfen wurden.
Foto: Heimatverein Oberkassel e. V.*

*Lehrer Franz Kissel (1891–1977) aus Oberkassel
im reiferen Alter.
1976 verlieh man ihm für sein berufliches und öffentliches Wirken
das Bundesverdienstkreuz.
Foto: Heimatverein Oberkassel e. V.*

Kissel besucht und ihm von dem abenteurlichen Fund erzählt. Noch am gleichen Abend seien Nolden und Kissel mit einer Stalllaterne ausgerüstet zur Kiste mit dem Skelettfund und zur Fundstelle im Steinbruch gegangen. Kissel habe zunächst geglaubt, es handle sich um ein keltisches oder germanisches Grab. Nach Zustimmung durch den Steinbruchbesitzer sorgte er angeblich dafür, dass Wissenschaftler des Rheinischen Landesmuseums in Bonn die Grabstätte und die gefundenen Skelettfragmente untersuchten. Engelbert Nolden habe sein ganzes Leben lang darunter gelitten, nie als eigentlicher Entdecker der Doppelbestattung von Oberkassel erwähnt zu werden. Nach der Entdeckung im Februar 1914 arbeitete er noch elf Jahre bis 1925 im Steinbruch. Im Alter von 60 Jahren war er der schweren körperlichen Anstrengung nicht mehr gewachsen.

Der frühere Politologe, Referent und kaufmännische Geschäftsführer im Unternehmensbereich der Bundes-SPD sowie heutige Gastronom Dr. Karlheinz Schonauer glaubte 2014 in seiner Internetpublikation „Mein Opa Franz. Erinnerungen an Franz Kissel (1891–1977)" irrtümlich, sein Großvater habe das Institut für Vor- und Frühgeschichte der Universität Bonn über den Fund aus dem Steinbruch von Oberkassel informiert. Wann und wie er das getan habe, habe Kissel ihm und anderen nie erzählt.

Karlheinz Schonauer, der Enkel des Lehrers Franz Kissel, erlebte als deutscher Austauschschüler im Sommer 1971 in den USA etwas Kurioses. Weil er an der West Leyden High School im Chikagoer Vorort Northlake auch das Fach Allgemeine Geschichte wählte, erhielt er das Buch „History of Mankind". Darin befanden sich Fotos vom Stingenberg in Oberkassel bei Bonn und teilweise erhaltener Skelette sowie der Hinweis auf den 1914 als ältestes Haustier der Menschheit gefundenen

Hund. Einem jungen Lehrer namens Franz Kissel – also dem Opa von Karlheinz Schonauer – sei es zu verdanken, dass die Knochen nicht fortgeschmissen worden seien, war zu lesen. Der sehr beliebte Lehrer Kissel gehörte von 1929 bis 1933 für die katholische Zentrumspartei dem Gemeinderat von Oberkassel an. 1952 kandidierte er als Parteiloser erfolglos bei der Wahl des Bürgermeisters von Oberkassel. An der Haustüre von Kissel klingelte eines Tages der in Köln geborene Schriftsteller Heinrich Böll (1917–1985), der von dem pensionierten Lehrer wissen wollte, was 1914 im Steinbruch „Am Stingenberg" in Oberkassel geschehen war. Kissel gab bereitwillig Auskunft. Böll hat später in seinen Romanen „Ansichten eines Clowns" und „Frauen vor Flusslandschaften", die teilweise oder überwiegend im Raum Bonn spielten, das Doppelgrab von Oberkassel nicht erwähnt. Mehr als ein Jahr vor seinem Tod erhielt Kissel 1976 für sein berufliches und öffentliches Wirken das Bundesverdienstkreuz.
Die „Oberkasseler Zeitung" berichtete am 14. Februar 1914 über den interessanten Fund von zwei Skeletten, der vor einigen Tagen Arbeitern im Basaltsteinbruch ungefähr 5 bis 6 Meter unter der Erdoberfläche unter Schutt und Geröll geglückt war. Nach der Schädelform zu schließen, handle es sich um ein männliches und ein weibliches Skelett. Vielleicht habe man es hier mit Bewohnern einer am Bergabhang gelegenen Hütte zu tun, die durch herabstürzendes Gestein den Tod gefunden hätten. Das Alter der Skelette könne nur durch Spezialisten ermittelt werden. Unter dem Schädel des weiblichen Skelettes habe man einen sehr gut erhaltenen etwa 20 Zentimeter langen „Haarpfeil" mit einem Pferdekopf an einem Ende gefunden. Am Nachmittag des 21. Februar 1914 kamen der Physiologe Max Verworn (1863–1921), der Anatom Robert Bonnet (1852–1921) und der Anatom Friedrich Heiderich (1878–1940), alle

*Der Schriftsteller Heinrich Böll (1917–1985)
erkundigte sich beim pensionierten Lehrer Franz Kissel (1891–1977)
über die Entdeckungsgeschichte der Doppelbestattung von Oberkassel.
Foto: Bundesarchiv, B 145 Bild-F062164-0004 / Hoffmann,
Harald / CC-BY-SA 3.0 DE (via Wikimedia Commons),
lizensiert unter Creative-Commons-Lizenz by-sa-3.0,
https://creativecommons.org/licenses/by-sa/3.0/de/legalcode*

s Oberkaffel, 14. Febr. Einen interessanten Fund machten vor einigen Tagen Arbeiter im Basaltsteinbruch des Herrn Peter Uhrmacher hier. Ungefähr 5—6 Meter unter der Erdoberfläche fand man unter Schutt und Geröll 2 Skelette, die noch ziemlich gut erhalten waren. Nach der Schädelform zu schließen, handelt es sich um ein männliches und ein weibliches Skelett. Das Alter derselben könnte wohl nur von Spezialisten ermittelt werden. Wenn Vermutungen Raum gegeben werden darf, so wäre vielleicht die Annahme nicht von der Hand zu weisen, daß man es hier mit Bewohnern einer am Bergabhange gelegenen Hütte zu tun hat, die durch herabstürzendes Gestein den Tod fanden. Unter dem Schädel des weiblichen Skeletts fand man einen sehr gut erhaltenen etwa 20 cm langen Haarpfeil, der an einem Ende in die Form eines deutlich zu erkennenden Pferdekopfes ausläuft. Sämtliche Steine, die um die Skelette lagerten, wiesen eine karminrote Färbung auf. Der Fund dürfte für den Forscher wohl von Interesse sein, und werden wir bei Kenntniserhalt Näheres darüber bringen.

Nachricht im der „Oberkasseler Zeitung" vom 14. Februar 1914
über den Fund von zwei menschlichen Skeletten
„vor einigen Tagen"
im Basaltsteinbuch von Oberkassel bei Bonn

*Bonner Physiologe Max Verworn (1863–1921).
Foto: Petger Matzen (1878–1930´)
(via Wikimedia Commons)
Lizenz: gemeinfrei (Public domain)*

Bonner Anatom Robert Bonnet (1852–1921).
Schwarz-Weiß-Kopie
eines Ölgemäldes von Wilhelm Fassbender (1873–1938)
(via Wikimedia Commons), Lizenz: gemeinfrei (Public domain)

Bonner Anatom Friedrich Heiderich (1878–1940).
Foto: Anatomischer Anzeiger 1940/41.

aus Bonn, nach Oberkassel, wo sie Peter Uhrmacher jun. am Bahnhof abholte. Weil in der Fundmeldung neben Skelettresten auch ein „Haarpfeil" (weiblicher Haarschmuck) erwähnt wurde, erwarteten die drei Wissenschaftler einen Fund aus römischer oder fränkischer Zeit. In Oberkassel zeigte der Steinbruchbesitzer den angereisten Experten zwei Schädel und andere Skelettknochen, die in der erwähnten Sprengstoffkiste aufbewahrt wurden. Den Fachleuten fiel auf, dass die Schädel und ein großer Teil der Skelettknochen mit einer Schicht von rotem Farbmaterial bedeckt waren, wie man es aus altsteinzeitlichen Fundstellen des Vézèretales in Frankreich kannte. Den angeblichen „Haarpfeil" identifizierten die Forscher als Knochenwerkzeug zum Glätten oder Schaben von Fellen der ausgehenden Eiszeit. Erst als die Besucher aus Bonn bei strömendem Regen die Fundstelle im Steinbruch besichtigten, glaubten sie fest an ein altsteinzeitliches Alter der beiden Skelette.

Zwei Tage später – am 23. Februar 1914 – nahmen Max Verworn, Robert Bonnet, Friedrich Heiderich, der Geologe und Paläontologe Gustav Steinmann (1856–1929), der Geologie-Student Charles Edgar Stehn (1884–1945), der Archäologe Dr. Dragendorff und der Direktor des Bonner Provinzialmuseums, Professor Dr. Hans Lehner (1865–1938), eine Nachuntersuchung vor. Steinmann fungierte als erster Direktor der neu errichteten geologisch-paläontologischen Institute an den Universitäten Freiburg im Breisgau und Bonn. Seine regionalgeologischen Arbeiten über Südamerika und seine modernen Ansichten zur Alpengeologie gelten als herausragend. Stehn tat sich später als Vulkanologe und Direktor des Netherland Indies Vulcanological Survey (heute: Indonesien) hervor. Bei der Nachuntersuchung in Oberkassel kamen noch einige menschliche Fußwurzelknochen und Zehenglieder ans Tageslicht. Von erhofften Feuersteinwerkzeugen fand man nicht die

*Bonner Paläontologe Gustav Steinmann (1856–1929).
Aufnahme eines unbekannten Fotografen vor 1929*

*Professor Dr. Hans Lehner (1865–1938),
Direktor des Bonner Provinzialmuseums.
Aufnahme eines unbekannten Fotografen vor 1938*

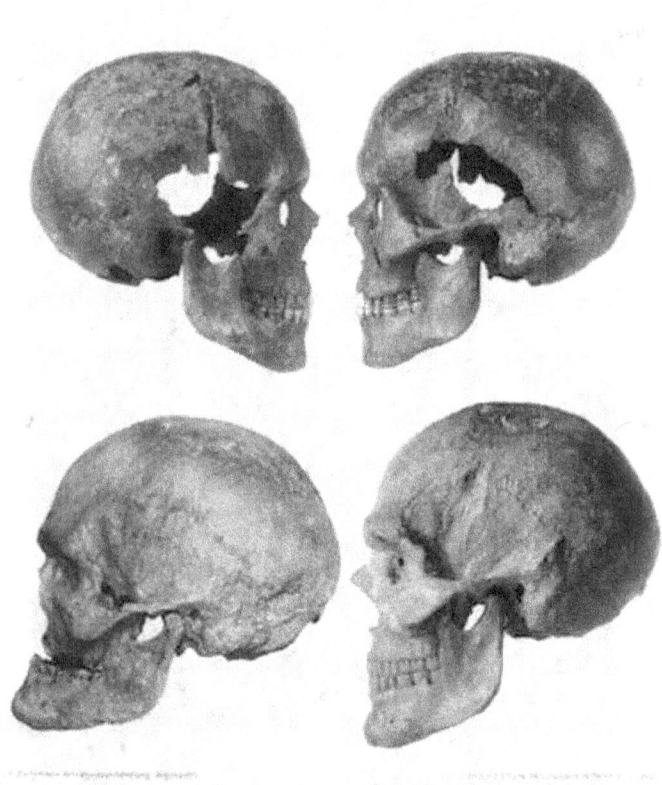

*Seitenansicht der Schädel der Doppelbestattung von Oberkassel:
Bild 1 (oben links): weiblich (mit ergänztem Gebiss) /
Bild 2 (oben rechts): weiblich (mit ergänztem Gebiss) /
Bild 3 (unten links): männlich / Bild 4: männlich (ergänzt).
Fotos von 1914, veröffentlicht in
Max Verworn, Robert Bonnet, Gustav Steinmann:
Der diluviale Menschenfund von Obercassel bei Bonn, Wiesbaden 1919
(via Wikimedia Commons), Lizenz: gemeinfrei (Public domain)*

geringste Spur. Nahezu fünf Jahre später entdeckte man im Geologischen Institut der Universität Bonn beim Schlämmen einer Sedimentprobe, die einen Meter von der Fundstelle entfernt entnommen worden war, eine 11 x 5 Millimeter große Feuersteinlamelle.

Auf Wunsch der Bonner Experten überließ ihnen der Steinbruchbesitzer Peter Uhrmacher jun. die Skelettreste des alten Mannes und der jungen Frau von Oberkassel zur näheren Untersuchung. Man transportierte die Funde in der Sprengstoffkiste aus der Arbeitshütte im Steinbruch zum Anatomischen Institut der Universität Bonn. Später kaufte die Rheinische Friedrich-Wilhelms-Universität Bonn dem Steinbruchbesitzer die Funde der Doppelbestattung von Oberkassel ab.

Max Verworn, Robert Bonnet und Gustav Steinmann berichteten am 23. Juni 1914 vor der Bonner Anthropologischen Gesellschaft, bei der Fundstelle handle es sich um einen Begräbnisplatz und nicht um einen Lagerplatz. Wahrscheinlich hätten die eiszeitlichen Jäger in der Nähe im Schutz der Basaltwand ihren Lagerplatz eingerichtet und die Toten mit ihren Beigaben in nicht allzu großer Entfernung davon beigesetzt. Dies sei im üblichen Ritus geschehen, indem man die Verstorbenen mit reichlichen Mengen roter Farbe umgeben und mit großen Steinen sorgfältig überdeckt habe. Nicht mehr rekonstruieren ließ sich die exakte Lage der beiden Skelette im Grab.

Bonnet veröffentlichte 1914 in der Zeitschrift „Die Naturwissenschaften" eine erste wissenschaftliche Beschreibung der beiden Skelette aus Oberkassel. Er glaubte damals, in beiden Schädeln kämen die sehr bemerkenswerten Folgen von Kreuzungen zum Ausdruck, die während des Eiszeitalters stattgefunden hätten.

1919 erschien zum hundertjährigen Jubiläum der Rheinischen Gesellschaft für wissenschaftliche Forschung der Universität

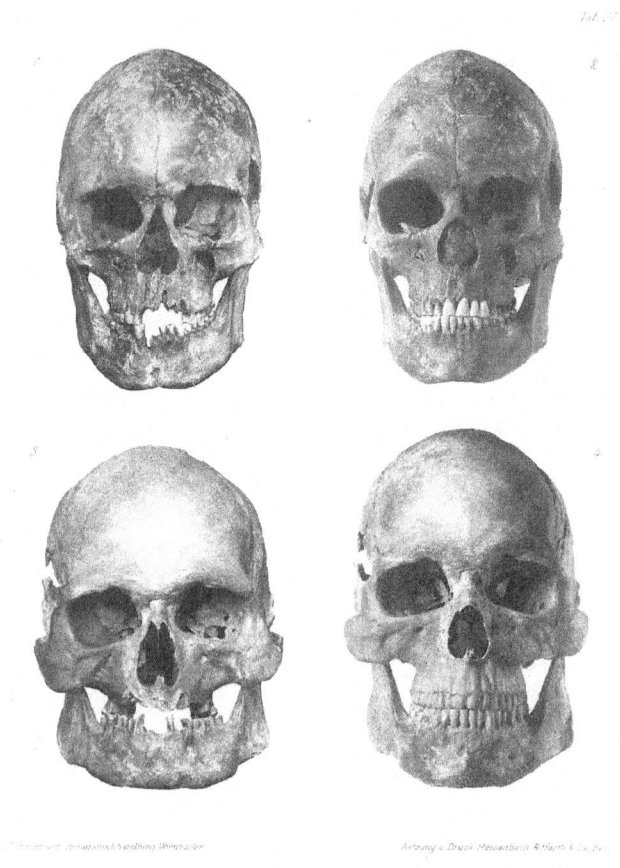

*Stirnansicht der Oberkasseler Schädel der jungen Frau (oben)
und des alten Mannes (unten),
rechts jeweils mit ergänzten Gebissen.
Fotos von 1914, veröffentlicht in
Max Verworn, Robert Bonnet, Gustav Steinmann:
Der diluviale Menschenfund von Obercassel bei Bonn, Wiesbaden 1919
(via Wikimedia Commons), Lizenz: gemeinfrei (Public domain)*

Bonn das Werk „Der diluviale Menschenfund von Obercassel bei Bonn". Von Max Verworn stammte Teil I (Die Einleitung) und Teil IV (Die Kulturbeigaben), von Gustav Steinmann Teil II (Das geologische Alter der Funde) und von Robert Bonnet Teil III (Die Skelete). Außer den gut erhaltenen Schädeln jeweils mit Unterkiefer hat man von dem männlichen und weiblichen Skelett fast alle wichtigen Knochen entweder ganz oder teilweise geborgen. Nur die Hand- und Fußwurzelknochen, ein Oberschenkelbein, einige Finger und Zehen sowie die Brustbeine fehlten. Steinmann machte in seinem Betrag zum geologischen Alter der Funde auch einige Angaben über die Tierfunde.
Bereits 1914 plante der 63jährige Bonnet, die Oberkasseler Skelette mit anderen eiszeitlichen Skeletten zu vergleichen, um seine Ergebnisse fundieren und präzisieren zu können. Doch während des im selben Jahr ausbrechenden Ersten Weltkieges (1914–1918) musste er sich auf Literaturstudium beschränken und konnte keine Museen und Sammlungen im Ausland besuchen. Wenige Jahre nach dem Ersten Weltkrieg starb er 1921 im Alter von 70 Jahren. Seine Skelettanalysen von 1914 und 1919 werden noch heute von Anthropologen als äußerst präzise und vollständig anerkannt.
Der Frauenschädel ist 18,4 Zentimeter lang und 12,9 Zentimeter breit. Die viereckigen Augenhöhlen sind verhältnismäßig groß. Die Nasenöffnung ist von mäßiger Größe und der Kieferapparat kräftig entwickelt. Der sehr kräftige Unterkiefer hat ein deutliches Kinn. Im Gebiss fehlt der dritte rechte obere Mahlzahn. Die Frau soll – laut Bonnet – etwa 1,55 Meter (1914) oder 1,47 Meter (1919) groß gewesen sein. Spätere Berechnungen ergaben eine Größe zwischen 1,60 und 1,63 Metern. Bonnet gab ein Alter von etwa 20 Jahren an, heute spricht man eher von rund 25 Jahren.

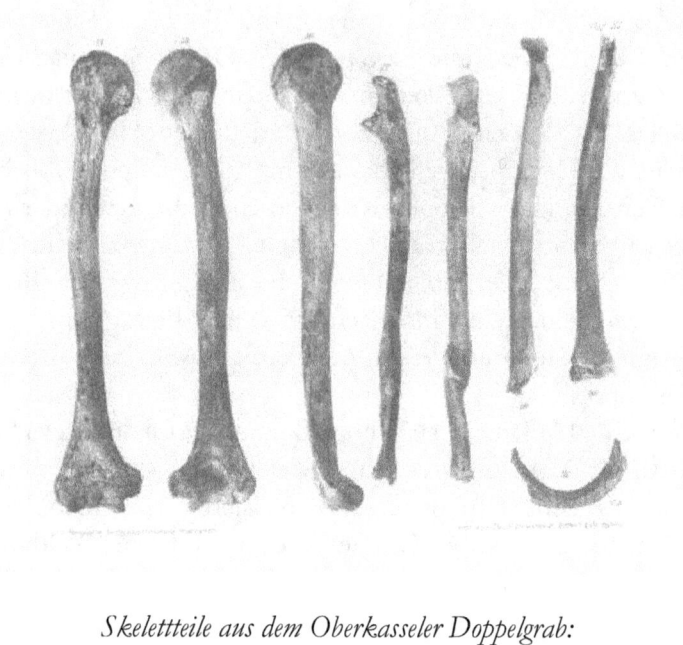

Skelettteile aus dem Oberkasseler Doppelgrab:
Figur 14 (erster Knochen von links): rechtes Oberarmbein,
Figur 15 (zweiter Knochen von links): rechtes Oberarmbein,
Figur 16 (dritter Knochen): rechtes Oberarmbein,
Figur 17: rechtes Ellenbogenbein von innen,
Figur 18: rechtes Ellenbogenbein von vorne,
Figur 19: linkes Speichenbein von der Streckseite,
Figur 20: rechtes Speichenbein von der Beugeseite,
Figur 21 (unten rechts): rechte zweite Rippe von oben.
Fotos von 1914, veröffentlicht in
Max Verworn, Robert Bonnet, Gustav Steinmann:
Der diluviale Menschenfund von Obercassel bei Bonn, Wiesbaden 1919
(via Wikimedia Commons), Lizenz: gemeinfrei (Public domain)

Der Männerschädel ist 19,3 Zentimeter lang und 14,4 Zentimeter breit. Auffällig ist ein kräftiger Oberaugenwulst. Bonnet erwähnte einen breiten, niedrigen, „brutalen Gesichtsschädel". Eine leichte, schon zu Lebzeiten vorhandene Verbiegung des Oberkiefers nach rechts und das mangelhafte Gebiss machten angeblich die Physiognomie noch abstoßender und ließen den Schädel greisenhafter schienen, als er tatsächlich sei. Im Oberkiefer sind nur die beiden letzten stark nach auswärts gerichteten Mahlzähne beiderseits und der linke Eckzahn vorhanden. Im Unterkiefer sind zu Lebzeiten Schneidezähne ausgefallen. Wegen der starken Entwicklung sämtlicher Muskelfortsätze am Schädel und an den Extremitätenknochen folgerte Bonnet, der Oberkasseler Mann habe eine „ungewöhnliche" Körperkraft besessen und sei etwa 1,60 Meter (1914) oder 1,72 Meter (1919) groß gewesen. Nach späteren Berechnungen war dieser Mann zwischen 1,67 und 1,68 Meter groß.
An keinem Knochen des kräftigen Mannes und der zierlichen Frau von Oberkassel stellte Bonnet Schnitt- oder Schabespuren fest. Solche hätte man nach einer Zerlegung, Entfleischung und Färbung mit Rötel erkennen müssen. Laut Bonnet waren der Mann und die Frau Blutsverwandte innerhalb einer Sippe. Offen ließ er, ob es sich um Vater und Tochter oder um Onkel und Nichte handelte.
Der Wiener Prähistoriker Josef Szombathy (1853–1943) war 1920 der erste Experte, der die Oberkasseler Skelette als typische Vertreter des Cro-Magnon-Typus einordnete. 1927 rechnete der damals in Göttingen wirkende Anthropologe und Arzt Karl Saller (1902–1969) diese beiden Skelette einer „Oberkasselrasse" zu, was sich nicht durchsetzte.
Wegen der Grabbeigaben hat man die Doppelbestattung von Oberkassel bereits im Entdeckungsjahr 1914 der altsteinzeitlichen Kulturstufe Magdalénien zugerechnet. Das Magdalé-

Wiener Prähistoriker Josef Szombathy (1853–1943).
Aufnahme eines unbekannen Fotografen vor 1943.
Foto (via Wikimedia Commons),
Lizenz: gemeinfrei (Public domain)

Französischer Prähistoriker Gabriel de Mortillet (1821–1898).
Aufnahme eines unbekannten Fotografen von 1895.
Foto (via Wikimedia Commons),
Lizenz: gemeinfrei (Public domain)

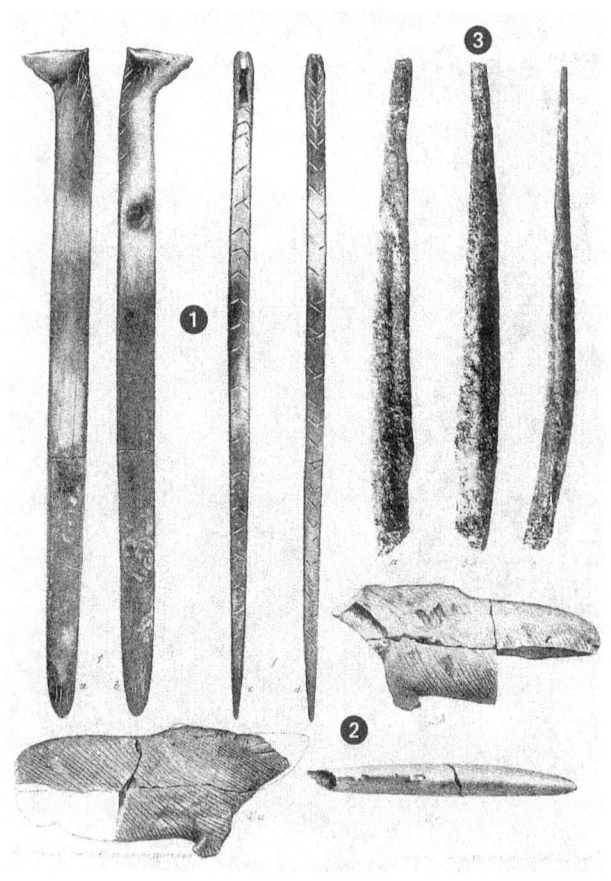

Grabbeigaben der Doppelbestattung von Oberkassel:
Figur 1: vier Ansichten des sogenannten „Haarpfeils",
Figur 2: drei Ansichten des vermeintlichen „Pferdekopfes",
Figur 3: „pfriemenförmiger Tierknochen" (Penisknochen eines Bären).
Fotos von 1914, veröffentlicht in
Max Verworn, Robert Bonnet, Gustav Steinmann:
Der diluviale Menschenfund von Obercassel bei Bonn, Wiesbaden 1919

nien ist nach dem Abri La Madeleine bei Tursac in der Dordogne (Frankreich) benannt. Den Begriff Magdalénien hat 1869 der französische Prähistoriker Gabriel de Mortillet (1821–1898) geprägt. In Frankreich dauerte das Magdalénien von etwa 20.000 bis 14.000 Jahren vor heute, in Deutschland von ca. 18.000 bis 14.000 Jahren vor heute.

Zu den Grabbeigaben aus Oberkassel gehören zwei Schnitzereien. Eine davon ist der bereits erwähnte „Haarpfeil" aus einem Röhrenknochen, den man im Steinbruch unter dem Schädel eines der beiden Skelette geborgen hatte. Dabei handelt es sich um einen etwa 20 Zentimeter langen, 1,2 Zentimeter breiten und 0,5 Zentimeter dicken, rechteckigen, sehr fein polierten Stab mit kleinem Tierkopf am Griffende. Den Tierkopf hat man einem Wildpferd, Nagetier oder Marder zugeschrieben. Auf der Vorder- und Rückseite wurden Winkelzeichen eingraviert. Die Schmalseiten waren mit einer angeblich für die Rentierzeit (also das Magdalénien) typischen Kerbschnittverzierung verschönert. Später hat man diesen Knochenstab als Schaber, Glätter oder Knochenpfriem zum Hochstecken der Haare der Frau bezeichnet. Noch heute ist seine tatsächliche Verwendung unbekannt.

Eine andere Grabbeigabe erkannte erst der Anatom Friedrich Heiderich, als er die im Steinbruch gefundenen Teile sortierte. Bei dieser Tätigkeit fielen ihm kleine Bruchstücke aus Knochen oder Geweih mit eingravierten Linien auf, die nicht von den beiden menschlichen Skeletten stammten. Auf beiden Seiten der zerbrochenen Platte verlaufen flächendeckende Schrägschraffuren von links oben nach rechts unten. Am Bauch, dem Beinansatz und dem Widerrist sind kleine Schraffuren angebracht. Noch am selben Abend zeigte Heiderich dem Steinbruchbesitzer die Bruchstücke, die zusammengehörten und vermutlich von einem flachen, plastisch geschnitzten Tierkopf

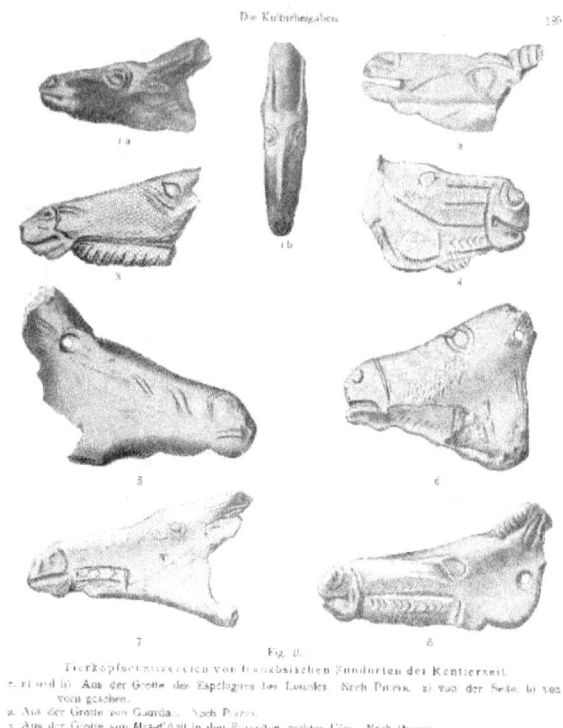

*Tierkopfschnitzereien von französischen Fundorten,
die der Bonner Physiologe Max Verworn (1863–1921)
zum Vergleich mit dem Oberkasseler Tierkopf heranzog.
Abbildung von 1914, veröffentlicht in
Max Verworn, Robert Bonnet, Gustav Steinmann:
Der diluviale Menschenfund von Obercassel bei Bonn, Wiesbaden 1919*

stammten. Es war eine 8,5 Zentimeter lange, bis zu 4 Zentimeter breite und knapp 1 Zentimeter dicke, zerbrochene Schnitzerei, die man 1914 als Pferdekopf betrachtete. Angeblich ähnelte der vermeintliche Pferdekopf mit gravierten Linien gewissen Funden aus dem Magdalénien in Südfrankreich, die man als „Contour découpé" (ausgeschnittene Umrisse) bezeichnet. Seit den 1920er Jahren deutet man den vermeintlichen „Pferdekopf" aus Oberkassel als Darstellung eines zur Familie der Hirsche gehörenden Tieres. Heute heißt es, es handle sich wahrscheinlich um eine Elchkuh. Bei dieser Darstellung fehlen die Kopfpartie, das hintere Körperviertel und die Beine. Auf der Innenfläche sind parallele Linien eingraviert. Wegen dieser kleinen Schnitzerei hat man das Oberkasseler Doppelgrab lange Zeit dem Magdalénien IV vor etwa 17.000 bis 15.400 Jahren zugerechnet.

Gegen eine Zuordnung ins Magdalénien IV sprachen die 1994 an der Universität Oxford für die Oberkasseler Doppelbestattung ermittelten 14C-Daten, die zwischen 14.000 und 13.350 Jahren vor heute liegen. Ein niedrigeres Alter von nur etwa 12.000 Jahren ergaben im Sommer 1994 Bodenproben bei einer Untersuchung des Rheinischen Amts für Bodendenkmalpflege. Man entnahm diese Proben etwa 80 Meter südwestlich vom Fundort des Doppelgrabes entfernt aus der Bodenschicht, in der sich die Bestattung befunden hatte. Der Prähistoriker Martin Street aus Neuwied erklärte 1999, die beiden Oberkasseler Menschen hätten in der Phase des spätesten Magdalénien bzw. der Zeit der Federmesser-Gruppen gelebt.

Bei den im Steinbruch „Am Stingenberg" in Oberkassel geborgenen Knochen und Zähnen von Tieren ist nicht in jedem Fall sicher, ob man sie im Doppelgrab oder außerhalb davon gefunden hat. Friedrich Heiderich sind 1914, Gustav Steinmann

*Rekonstruktion der Schnitzerei
aus Knochen oder Geweih
von Oberkassel bei Bonn,
die man 1914 als Pferdekopf verkannte,
heute aber als Elchkuh deutet.
Copyright: LVR-LandesMuseum Bonn, Foto: Jürgen Vogel*

1919 und Günter Nobis 1986 Fehler bei der Identifizierung der in Oberkassel gefundenen Tierarten unterlaufen. Heiderich und Steinmann erkannten den Unterkiefer eines Hundes und den Penisknochen eines Bären nicht. Nobis identifizierte korrekterweise Braunbär *(Ursus arctos)*, Haushund *(Canis lupus familiaris)*, Rothirsch *(Cervus elaphus)*, Auerochse *(Bos primigenius)* oder Steppenbison *(Bison bonanus)* sowie fälschlicherweise Luchs *(Lynx lynx)* und Reh *(Capreolus capreolus)*. Sicherlich handelt es sich beim Penisknochen und bei zwei Zähnen vom Bären, beim zunächst irrtümlich einem Wolf zugerechneten Unterkiefer eines Hundes und einem mit Hämatitresten behafteten Zahn vom Auerochsen um Grabbeigaben.

Viele männliche Säugetiere besitzen im Begattungsorgan, dem Penis, einen Knochen, der verschiedene Funktionen während der Kopulation besitzt. Penisknochen (Os penis oder Baculum) sind bei Säugetieren, auch bei Primaten wie Gorillas und Schimpansen, weit verbreitet. Dass die Menschen keinen solchen Knochen besitzen, gilt als Ausnahme. Man vermutet, dass die Menschen wegen ihrer monogamen Lebensweise den Penisknochen im Laufe der Evolution verloren haben. Der Penisknochen ist eine Verknöcherung des Penisschwellkörpers und erstreckt sich von der Eichel entlang des Penisschaftes nach hinten. Eventuell unterstützt der Penisknochen die Steifigkeit des Penis während der Kopulation, was männlichen Tieren einen relativ langen Paarungsakt erlaubt. Eine weitere mögliche Funktion könnte der Schutz der Harnröhre und der Harnöffnung vor Verschluss während der Kopulation sein. Außerdem hat der Penisknochen vielleicht eine wichtige Rolle beim Transport der Spermien.

Ursprünglich stand auf dem Fundzettel des noch nicht identifizierten mehr als 15 Zentimeter langen Penisknochens von Oberkassel nur der Hinweis „Langer Knochen". In der Be-

*Unter den Grabbeigaben der Doppelbestattung von Oberkassel
befand sich der mehr als 15 Zentimeter lange Penisknochen eines Bären.
Obige Fotos von 1914 zeigen verschiedene Ansichten des Penisknochen,
veröffentlicht in
Max Verworn, Robert Bonnet, Gustav Steinmann:
Der diluviale Menschenfund von Obercassel bei Bonn, Wiesbaden 1919*

schreibung von 1919 wurde der Knochen als Fragment einer hinteren Rippe oder eines Fußwurzelknochens sowie als Kulturbeigabe, eventuell eine Ahle oder ein pfriemartiges Werkzeug, bezeichnet. Erst der Wiener Prähistoriker Josef Szombathy erkannte 1920 die wahre Natur des Penisknochens. Der damals in München arbeitende Anthropologe Theodor Mollison (1874–1952) schrieb 1928 den Penisknochen von Oberkassel einem Höhlenbären zu, vielleicht sogar einem Jungtier. Dagegen betrachtete der Prähistoriker Martin Street aus Neuwied 2002 den Penisknochen als denjenigen eines Braunbären. Der Penisknochen von Oberkassel weist eine Serie von feinen, nachträglich durch den roten Farbstoff Hämatit überlagerten Schnittspuren auf. Demach ist er von Menschenhand bearbeitet worden. Möglicherweise wurde dieser Penisknochen der bestatteteten jungen Frau von Oberkassel als Fruchtbarkeitssymbol mit ins Grab gelegt. Penisknochen heutiger männlicher Braunbären sind durchschnittlich 18 Zentimeter lang. Männliche Höhlenbären und deren Vorfahren brachten es auf bis zu 24 Zentimeter.
Die wahre Natur des Hundeunterkiefers aus Oberkassel, der lange Zeit einem Wolf zugeordnet wurde, hätte eigentlich der Anatom Robert Bonnet bereits im Fundjahr 1914 erkennen müssen. Denn er hatte zuvor bereits Publikationen über Hunde und Haussäugetiere veröffentlicht.
1977 wurde der Student Erwin Cziesla wegen einer Semesterarbeit von Karin Tappe/Terberger für das Institut für Ur- und Frühgeschichte der Universität Köln nach dem Unterkiefer eines Wolfes unter den Funden von Oberkassel gefragt. Damals lagerte das Fundmaterial aus Oberkassel teilweise im Geologisch-Paläontologischen Institut Bonn und im damaligen Rheinischen Landesmuseum Bonn. Als Cziesla den Unterkiefer im Geologisch-Paläontologischen Institut Bonn betrachtete,

*Münchner Anthropologe Theodor Mollison (1874–1952).
Foto aus Zeitschrift für Morphologie und Anthropologie,
Band 45, Heft 3 (1953)*

Prähistoriker Erwin Cziesla.
Foto: Dr. Erwin Cziesla, Stahnsdorf

*Teil des Unterkiefers eines Hundes
aus der Doppelbestattung von Oberkassel bei Bonn.
Foto: Hans Weingartz / CC BY-SA 2.0 DE
(via Wikimedia Commons),
lizensiert unter Creative-Commons-Lizenz by-sa-2.0-de
https://creativecommons.org/licenses/by-sa/2.0/de/legalcode*

erkannte er sofort, dass dieser nicht von einem Wolf, sondern vom damals vermutlich ältesten Haustier der Menschheit in der Größe eines kleinen Schäferhundes stammte. Am 27. Oktober 1977 erfolgte zusammen mit den Prähistorikern Gerhard Bosinski und Friedrich B. Naber (1935–1980) eine Sichtung der seit mehr als 60 Jahren unbeachteten vermeintlichen Wolfsfossilien im Geologisch-Paläontologischen Institut Bonn. Cziesla wies Bosinski darauf hin, dass bestimmte Zähne im Unterkiefer schräg in dem verkürzten Kiefer standen, was gegen einen Wolfsschädel sprach. Als Cziesla seine Funde dem Bonner Zoologen Professor Dr. Günter Nobis (1921–2002) zeigte, wollte dieser ihm sofort alle Funde und Unterlagen abnehmen. Doch da Cziesla diese Funde und Unterlagen für einen Seminar-Vortrag am 2. Februar 1978 benötigte, lehnte er die Übergabe ab. Am 18. November 1978 referierte Cziesla zum letztenmal über „seinen Hund". Danach musste er über Bosinski die Funde an Nobis abgeben. Nobis wurde 1979 als Entdecker des „ältesten Haushundes" der Welt gefeiert. Von dem damals identifizierten Hund von Oberkassel hat man nicht nur den Unterkiefer gefunden. Es liegen auch Zähne vom Ober- und Unterkiefer, Knochen vom Rumpfskelett und Knochen vom Vorderbein vor. Noch in den 1970er Jahren wurden die zwei Inventare mit Funden aus Oberkassel vereinigt.
Im April 2018 berichtete das „Journal of Archaeological Science", bei einer kürzlich durchgeführten Untersuchung sei im Fundgut von Oberkassel der Zahn eines zweiten kleinen Hundes identifiziert worden. Mit dieser sensationellen neuen Erkenntnis warteten die Experten Luc Janssens (Leiden), Liane Giemsch (Frankfurt am Main), Ralf-W. Schmitz (Bonn), Martin Street (Neuwied), Stefan Van Dongen (Antwerpen) und Philippe Gombe (Gent) auf. Der Archäologe und Veterinär Janssens hatte erkannt, dass ein auf der Kaufläche stark abgenutzter

Backenzahn von einem zweiten, kleineren und älteren Hund stammte. Dieser Zahn unterschied sich in Färbung und Größe von den Zähnen eines jüngeren Hundes, von dem auch Skelettteile vorliegen. Die Hundebestattung von Oberkassel ist nicht nur die älteste bekannte, sondern auch die einzige mit Überresten von zwei Hunden!
Auch über den bereits 1979 identifizierten jüngeren Hund gab es aufregende Neuigkeiten. Seine Zahnhälse hatten verschiedene „Riefen", die auf eine bösartige Viruserkrankung namens Staupe in unterschiedlichen Schüben ab der 19., 21. und 23. Woche hinweisen. Die Staupe tritt bei Hunden vor allem im Welpenalter auf. Bei der Staupe entstand eine Paradontose (Schwund des Zahnhalteapparats), die in Schüben ablief. Der jüngere Hund ist im jugendlichen Alter von etwa 27 bis 28 Wochen der Staupe erlegen. Ohne die ihm durch Menschen zuteil gewordene Pflege wäre er sicher schon früher gestorben. Zumindest der alte Mann von Oberkassel ist mit einem Schmuckstück bestattet worden. In einem seiner Lendenwirbel lag ein von Hämatit rotgefärbter Schneidezahn eines Rothirsches ohne Zahnwurzel. Dieser Zahn wird als Rest eines Schmucks betrachtet, bei dem ursprünglich alle abgeschnittenen Unterkieferschneidezähne samt anhaftendem Zahnfleisch als Halskette getragen wurden. Die erwähnte beidseitig gravierte Schnitzerei einer mutmaßlichen Elchkuh könnte am ehesten sichtbar als Schmuckstück an der Kleidung getragen worden sein.
1981 und 1986 untersuchte der Mainzer Anthropologe Winfried Henke den Mann und die Frau aus dem Doppelgrab von Oberkassel. Er zog den Schluss, der Mann habe zum Formenkreis des Cro-Magnon-Typus und die Frau zum Formenkreis des Combe-Capelle-Typus gehört. Der typische Cro-Magnon-Schädel ist ausgesprochen robust, lang und breit mit

niedrig-breitem Gesicht und kräftig entwickeltem Kinndreieck. Als Kennzeichen des Combe-Capelle-Schädels gelten ein insgesamt weniger robuster, langer, aber schmaler Schädel, ein hochförmiges Gesicht und ein schwächer betontes Kinndreieck.

Die fossilen Menschenschädel, nach denen diese zwei Typen benannt wurden, stammen aus dem Abri de Cro-Magnon und dem Fundplatz Combe Capelle, beide im französischen Département Dordogne gelegen. Cro-Magnon-Menschen existierten im Eiszeitalter bzw. der jüngeren Altsteinzeit vor etwa 45.000 bis 12.000 Jahren. Die Skelettreste aus Combe Capelle sind – wie 2011 nach einer Datierung bekannt wurde – nur rund 9.700 Jahre alt und stammen somit aus der Nacheiszeit bzw. Mittelsteinzeit.

Der alte Mann von Oberkassel dürfte im Alter von etwa 50 bis 60 Jahren gestorben sein. Sein Gesicht war merklich breiter als bei anderen Zeitgenossen. An seinem Skelett erkannte Henke arthritische Veränderungen, an der linken Schädelseite eine Verletzung und am rechten Unterkiefer eine durch Wurzelhautentzündung entstandene Fistelöffnung. Die Beweglichkeit des rechten Armes wurde durch einen am rechten Ellbogen verheilten Bruch und die Veränderung des rechten Schlüsselbeins erheblich eingeschränkt.

Die neben dem alten Mann liegende junge Frau ist nicht viel älter als 20 oder 25 Jahre alt geworden. Ihr Gesicht war etwas breiter als bei anderen Frauen dieser Zeit. Auffällig sind außerdem die extrem schmale Hirnschädelbreite, die relativ niedrige Nase sowie die etwas schräg nach vorn vorspringenden Zähne. Das Skelett der Frau wirkt grazil.

Bei der Doppelbestattung von Oberkassel ist unklar, ob diese beiden Menschen gleichzeitig oder in größerem zeitlichen Abstand zur letzten Ruhe gebettet wurden. Man weiß auch

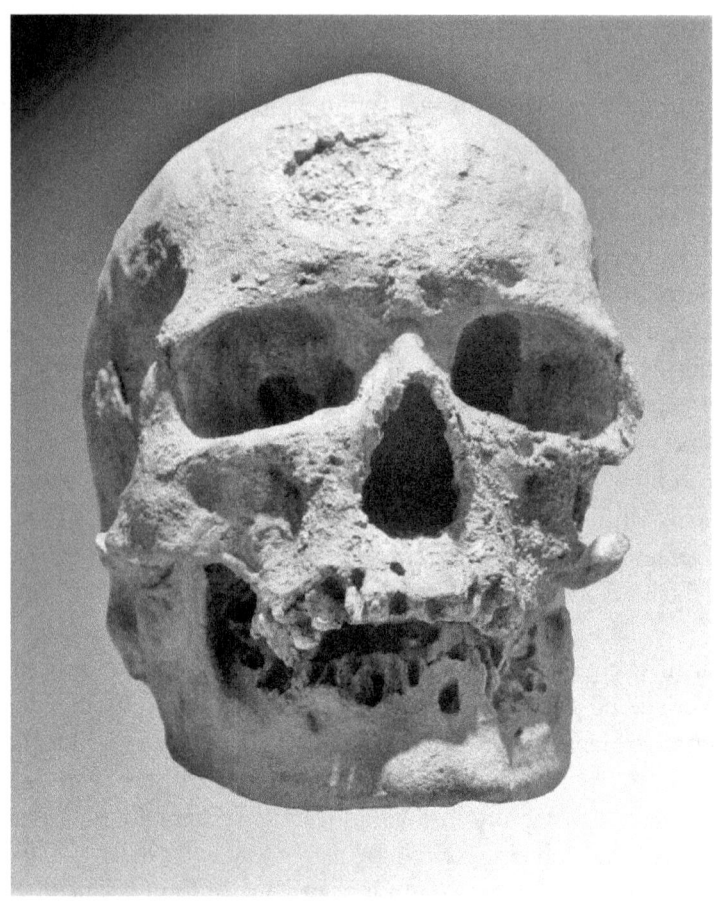

*1868 im Abri Cro-Magnon im französischen Département Dordogne
entdeckter Männerschädel,
Foto: 120 / CC BY-SA 3.0 (via Wikimedia Commons),
lizensiert unter Creative-Commons-Lizenz by-sa-3.0,
https://creativecommons.org/licenses/by-sa/3.0/legalcode*

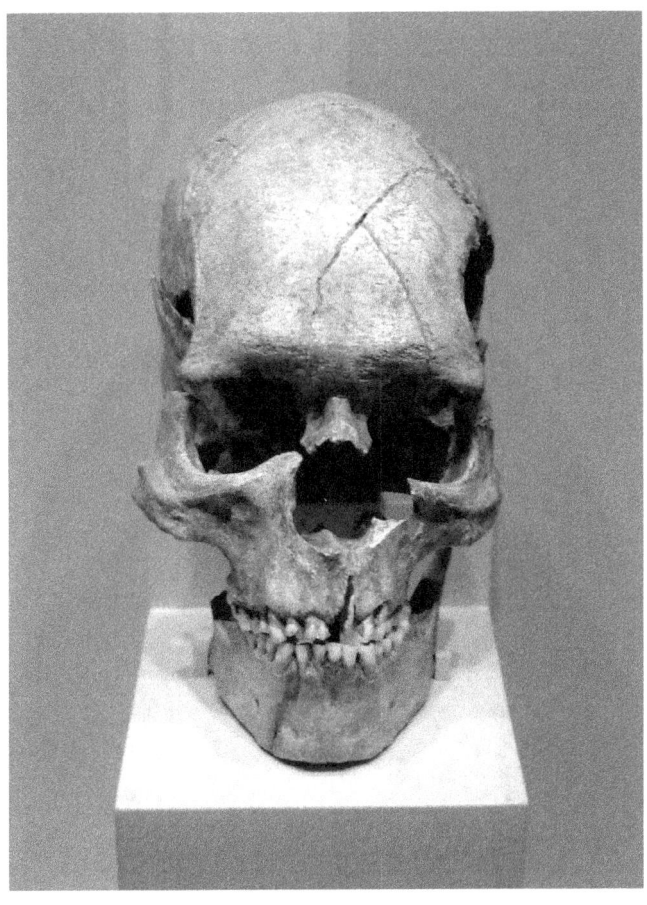

*1909 in Combe Capelle im französischen Département Dordogne
entdeckter Menschenschädel,
Foto: Dr. Günter Bechly / CC BY-SA 3.0 (via Wikimedia Commons),
lizensiert unter Creative-Commons-Lizenz by-sa-3.0,
https://creativecommons.org/licenses/by-sa/3.0/legalcode*

*Büstenkopf des Homo sapiens vom Cro-Magnon-Typ,
geschaffen von dem amerikanischen Zoologen und Anthropologen
James Howard McGregor (1872–1954).
Foto: Wellcome Collection, Fotonummer M0001112 / CC BY-4.0
(via Wikimedia Commons),
lizensiert unter Creative-Commons-Lizenz by-4.0,
https://creativecommons.org/licenses/by/4.0/legalcode*

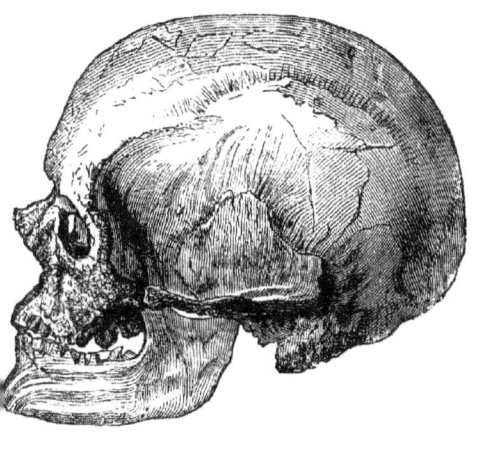

*Männerschädel
vom Cro-Magnon-Typ.
Zeichnung aus:
Die ersten Menschen
und die
prähistorischen Zeiten
mit besonderer
Berücksichtigung
der Ureinwohner Amerikas,
Stuttgart 1884*

*Frauenschädel
vom Cro-Magnon-Typ.
Zeichnung aus:
Die ersten Menschen
und die
prähistorischen Zeiten
mit besonderer
Berücksichtigung
der Ureinwohner
Amerikas, Stuttgart 1884*

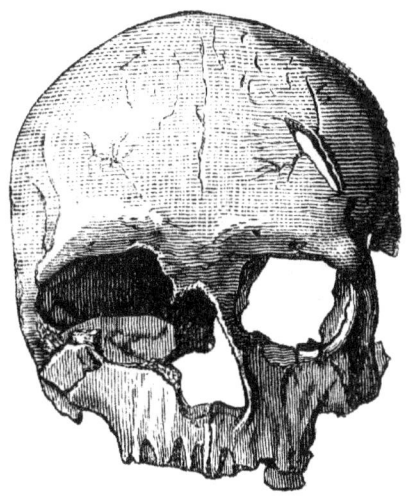

*Frankfurter Prähistoriker Hermann Müller-Karpe (1925–2013).
Foto: Philipps-Universität Marburg,
Fachbereich Altertumswissenschaften,
Vorgeschichtliches Seminar*

nicht, ob man die Toten in gestreckter oder in seitlicher Hockerstellung mit zum Körper hin angezogenen Knien bestattet hat. Denn ein Teil der Skelettreste ist von zwei Steinbrucharbeitern entdeckt, unsachgemäß geborgen und in einer Arbeitshütte in einer Kiste für Sprengstoff aufbewahrt worden. Weitere Skelettteile sind von Experten bei einer Nachgrabung geborgen worden.
Die beiden Verstorbenen ruhten auf einer alten Farbschicht. Auch alle Knochen waren stark rot gefärbt, was auf Überstreuung oder Bemalung der Leichname mit Ocker (Hämatit) hindeutet. Rot galt vielleicht als „Farbe des Lebens".
In seinem „Handbuch der Vorgeschichte" (1966) schrieb der damals in Frankfurt am Main arbeitende Prähistoriker Hermann Müller-Karpe (1925–2013), das Skelett der Frau von Oberkassel weise keine gewaltsamen Verletzungen auf. Solche seien bei etlichen Doppelbestattungen festzustellen und wiesen auf den Bruch der Witwenmitbestattung hin.
2004 herrschte kurze Zeit helle Aufregung wegen einer 6 x 8 Zentimeter großen Fotografie, die angeblich jemand einige Tage nach der Entdeckung der beiden Schädel von Oberkassel im Februar 1914 aufgenommen hatte. Auf einer starken Vergrößerung des Fotos erblickte Robert Uhrmacher, ein Nachfahre des Steinbruchbesitzers Peter Uhrmacher jun., vor dem linken Schädel eine weitere Schädeldecke. Experten konnten nicht sofort ausschließen, dass in Oberkassel die Überreste von drei statt zwei Menschen entdeckt worden seien. Der Bonner Paläontologe Wighart von Koenigswald konnte die Frage, warum von der Schädeldecke in den Aufzeichnungen der drei Bonner Professoren Verworn, Bonnet und Steinmann 1914 keine Rede sei, nicht beantworten. Er vermutete, ein Schädeldach, zu dem auf den ersten Blick nichts weiter existiere, könne schon mal vergessen werden. Der Bonner Archäologe Hans-

*Luftaufnahme des LVR-LandesMuseums Bonn von 2018.
In einer Vitrine dieses Museums ist die Doppelbestattung
von Oberkassel bei Bonn ausgestellt.*
Foto: *Wolkenkratzer / CC BY-SA 4.0 (via Wikimedia Commons),
lizensiert unter Creative-Commons-Lizenz by-sa-4.0,
https://creativecommons.org/licenses/by-sa/4.0/legalcode*

Eckart Joachim wies darauf hin, die Skelettreste seien 1914 in die Anatomie, die Grabbeigaben und Tierknochen dagegen in das damalige Geologische Institut in Bonn gebracht wurden. Die Funde seien im Steinbruch nicht mit größter Vorsicht in die ehemalige Sprengstoffkiste gepackt worden. Die am 12. Januar 2004 in der Tageszeitung „General-Anzeiger Bonn" angedeutete angeblich neue sensationelle Erkenntnis von einem eventuell dritten Oberkasseler Menschen hatte nicht lange Bestand. Bereits am 21. Februar 2004 meldete der „General-Anzeiger Bonn": „Alte Fotografie zeigte nicht die Schädel aus der Eiszeit". Dies stellten die Bonner Wissenschaftler Michael Schmauder, Hans-Eckart Joachim und Wighart von Koenigswald beim genauen Vergleich der Oberkasseler Originalschädel mit den Schädeln auf der Fotografie fest. Der 1914 in Oberkassel gefundene männliche Schädel weist weite Lücken im Bereich der Backenzähne auf. Auf dem vorliegenden Foto ist das Gebiss vollständig. Außerdem stimmen andere Beschädigungen am Originalschädel nicht mit denen auf dem Foto überein. Schmauder, Joachim und von Koenigswald vermuten, die auf dem Foto abgebildeten Schädel und Knochen zeigten Funde von einer anderen Fundstelle, die sicherlich viel jünger als Oberkassel sei.

Ab 2008 erfolgte wegen des 2014 bevorstehenden 100-jährigen Jubiläums der Entdeckung des Oberkasseler Doppelgrabes im Rahmen eines Forschungsprojekts des LVR-LandesMuseums (so die offizielle Schreibweise) Bonn und der Rheinischen Friedrich-Wilhelms-Universität Bonn eine komplette wissenschaftliche Neuuntersuchung. Daran beteiligten sich 30 internationale Wissenschaftler verschiedener Disziplinen unter Leitung des Prähistoikers Ralf-W. Schmitz vom LVR-LandesMuseum Bonn. Ziele waren eine genauere Alterseinstufung der Funde, die Untersuchung der menschlichen Skelette auf

*Samische Familie in Norwegen auf einem Foto,
das zwischen 1890 und 1905
vermutlich am Kanstadfjord in der Nähe von Lødingen entstand.
Die Samen wurden früher Lappen genannt.
Foto: Library of Congress, Prints und Fotografie-Abteilung
unter der digitalen ID ppmsc.06257
(via Wikimedia Commons),
Lizenz: gemeinfrei (Public domain)*

Verletzungen, Krankheiten und Mangelerscheinungen, Isotopenanalysen zur Frage der Ernährung und zur Feststellung der Region, in denen der Mann und die Frau aufwuchsen, genetische Analysen zur Klärung ihres Verwandtschaftsgrades sowie Gesichtsrekonstruktionen mit gerichtsmedizinischen Verfahren und genetische Untersuchungen am Hund zur Klärung der Stellung zwischen Wolf und Hund.
Anfang 2013 erklärte Liane Giemsch vom LVR-LandesMuseum Bonn in der Zeitschrift „Current Biology", der alte Mann und die junge Frau von Oberkassel seien nicht so eng miteinander verwandt, wie Geschwister es sind. Aber es könne nicht ausgeschlossen werden, dass es sich um Vater und Tochter handle. Dies war das Ergebnis der Studie eines internationalen Forscherteams unter Leitung von Johannes Krause vom Institut für Naturwissenschaftliche Archäologie der Universität Tübingen. Dabei hatte man die DNA von ältesten menschlichen Skelettfunden aus Europa untersucht. Die größte Übereinstimmung des Erbgutes haben die beiden Oberkasseler Menschen mit den heute in Finnland lebenden Sami oder Samen (früher Lappen), einem Jäger- und Sammlervolk.
2013 wurde auch bekannt, dass es sich bei dem in Oberkassel entdeckten Tierskelett, das zunächst einem Wolf zugeschrieben wurde, tatsächlich um einen direkten Vorfahren des heutigen Hundes *(Canis lupus familiaris)* handelt. Dies hat man bei genetischen Analysen von prähistorischen Caniden und modernen Hunden durch ein internationales Forscherteam um Olaf Thalmann von der Turku Universität in Finnland herausgefunden. Die genetischen Analysen des Fundes aus dem Doppelgrab von Oberkassel und eines 12.500 Jahre alten Fundes aus einem Siedlungsplatz in der Kartsteinhöhle bei Mechernich in der Eifel wurden unter anderem von Johannes Krause und Verena Schünemann vom Institut für Naturwissenschaften der

*Steinzeit-Paar von Oberkassel bei Bonn mit Waffen und Hund.
Zeichnung von Karol Schauer für das Plakat
der Sonderausstellung „Eiszeitjäger – Leben im Paradies"
von Oktober 2014 bis zum Juni 2015
im LVR-LandesMuseum Bonn.
Copyright: Die Eiszeitjäger von Oberkassel, LVR-LandesMuseum Bonn.
Zeichnung von Karol Schauer*

Universität Tübingen durchgeführt. Die gemeinsame Bestattung des Hundes und der beiden Menschen im Doppelgrab von Oberkassel zeuge von einer sehr innigen Beziehung, erklärte Liane Giemsch vom LVR-LandesMuseum Bonn. Auch aus Israel und Skandinavien seien gemeinsame Bestattungen von Hunden und steinzeitlichen Jägern und Sammlern bekannt. Das LVR-LandesMuseum Bonn richtete im Jubiläumsjahr 2014 ab 23. Oktober die Sonderausstellung „Eiszeitjäger – Leben im Paradies. Europa vor 15.000 Jahren" aus, die bis Juni 2015 währte. Ein Alter von 15.000 Jahren entspricht der Kulturstufe Magdalénien und nicht der Zeit der Federmesser-Gruppen. In der Bonner Ausstellung von 2014/15 und in einem Begleitband wurden die aktuellsten Forschungserkenntnisse über die Doppelbestattung von Oberkassel präsentiert. Auf dem Plakat zur Ausstellung konnte man eine Zeichnung von Karol Schauer bewundern, das den alten Mann aus Oberkassel mit Glatze, langem Bart, Speerschleuder und Wurfspeeren sowie die junge Frau in einer Hose mit einem Hund an ihrer Seite zeigt. Für diese Schau fertigte die Frankfurter Rechtsmedizinerin Constanze Niess lebensechte Gesichtsrekonstruktionen von den beiden Oberkasseler Menschen an, deren Skelette im LVR-LandesMuseum Bonn zu sehen sind.

Forschungen von 2014 und 2015 kamen zu interessanten Ergebnissen. Isotopenanalysen aus den menschlichen Knochen verrieten, dass sich der Mann und die Frau aus Oberkassel überwiegend von Fleisch ernährten, aber auch von Süßwasserfischen und -muscheln sowie pflanzlicher Kost. Isotopenanalysen aus dem Zahnschmelz des Mannes und der Frau von Oberkassel ergaben, dass beide in ihrer Kindheit in unterschiedlichen Gebieten ihre Nahrung aufgenommen haben. „Der amerikanische Paläoanthropologe Eric Trinkaus aus St. Louis stellte am Becken der Frau eine Rille fest, die mindestens eine

Schwangerschaft und eine Geburt beweist. Eventuell könnten es sogar zwei Geburten gewesen sein. Der Tod bei der Entbindung ist eine Spekulation. Der Mann hat einen Bruch der rechten Elle und Verletzung des linken Scheitelbeins überstanden.

2014 wurde bekannt, man habe bei Nachgrabungen unweit des Oberkasseler Doppelgrabes eine Pfeilspitze aus Feuerstein geborgen. Jene Pfeilspitze war bei einem Aufprall gebrochen, weswegen man sie am hölzernen Pfeilschaft entfernte und ersetzte. Die 1,8 Zentimeter lange Pfeilspitze war mit Birkenpech am Pfeilschaft befestigt gewesen. Der kleine Fund belegt die Jagd auf Tiere im Wald, wo man beispielsweise Wildschweine erlegte. Bei der Jagd auf Wildpferde und Elche im Grasland setzte man wohl eher Speerschleudern ein.

Die Skelette von Oberkassel bei Bonn gelten laut Online-Lexikon „Wikipedia" mit einem geologischen Alter zwischen etwa 14.000 und 13.300 Jahren als die zweitältesten Bestattungen des anatomisch modernen Menschen *(Homo sapiens)* in Deutschland. Noch älter ist nur die 1913 entdeckte, mehr als 22.000 Jahre alte Bestattung eines Mannes in der Mittleren Klause bei Essing (Kreis Kelheim) in Bayern.

Zu Lebzeiten der Oberkasseler Menschen sah das Rheintal ganz anders aus als ein Jahrtausend zuvor. Der Rhein war ein breiter, träge dahin fließender Strom mit Totwassertümpeln, zahlreichen Inseln und Sandbänken. Wo noch ein Jahrtausend zuvor eine offene Graslandschaft mit riesigen Tierherden existierte, gab es nun eine Mixtur aus Graslandschaft sowie Birken- und Kiefernwaldinseln. In der Steppe weideten Wildpferde und Wildrinder. Im Wald lebten Wildschweine, Rotwild und Elche. Rentiere, Moschusochsen und Saiga-Antilopen waren in den Norden abgewandert, Riesenhirsche, Fellnashörner, Mammute und Höhlenlöwen bereits ausge-

storben. Die gefährlichsten Feinde der Jäger und Sammler waren Braunbären.
Die Originale der Skelette und anderen Funde aus dem Doppelgrab von Oberkassel werden im LVR-LandesMuseum Bonn aufbewahrt. Unweit der Fundstelle in Oberkassel ist das Denkmal „Der erste rheinische Steinzeitmensch" des Bildhauers Viktor Eichler (1897–1969) zu sehen. Der Künstler bezeichnete den Mann von Oberkassel als „*Homo obercasseliensis*". Auf dem von ihm geschaffenen Denkmal inmitten eines Brunnens hockt der Oberkasseler Mann über einem erlegten Bären. Der russische Archäologe, Anthropologe und Bildhauer Michail Michailowitsch Gerassimow (1908–1970) veröffentlichte 1964 Rekonstruktionen der beiden Toten aus dem Doppelgrab von Oberkassel. Für das Buch „Deutschland in der Steinzeit" (1991) von Ernst Probst fertigte der Kunstmaler Fritz Wendler (1941–1995) eine Zeichnung der Doppelbestattung von Oberkassel an. Die Künstlerin Friederike Hilscher-Ehlert aus Königswinter zeichnete die junge Frau von Oberkassel mit Hund als Begleiter. Im „Neanderthal Museum" ist ein Rekonstruktionsversuch der Frau aus dem Doppelgrab von Oberkassel zu bewundern, der von der französischen Bildhauerin Elisabeth Daynès stammt. In Oberkassel „Am Stingenberg", etwas unterhalb der Fundstelle im stillgelegten Steinbruch an der Rabenlay, existiert ein Platz zur Erinnerung an den Fund des Doppelgrabes von 1914. Dort informiert eine 1989 vom Heimatverein Oberkassel angebrachte Tafel über die beiden Toten und die Grabbeigaben. An den Lehrer Franz Kissel, der nach dem Fund des Doppelgrabes 1914 dafür gesorgt hatte, dass die beiden Skelette und die Grabbeigaben gesichert wurden, erinnert seit Februar 2014 der Franz-Kissel-Weg in Oberkassel. Für die Umbenennung des Weges, der nahe des Fundortes von der Straße „Am Stingenberg" parallel zur B42 verläuft, hatten sich der Heimatverein

Denkmal „Der erste rheinische Steinzeitmensch"
des Bildhauers Viktor Eichler (1897–1969)
unweit der Fundstelle der Doppelbestattung
im Steinbruch „Am Stingenberg" von Oberkassel bei Bonn.
Foto: Hans Weingartz (User Leonce49) / CC BY-SA 2.0
(via Wikimedia Commons),.
lizensiert unter Creative-Commons-Lizenz by-sa-2.0,
https://creativecommons.org/licenses/by-sa/2.0/de/legalcode

Rekonstruktion der Frau aus dem Doppelgrab von Oberkassel beim Nähen im „Neanderthal Museum", Mettmann, geschaffen von der französischen Bildhauerin Elisabeth Daynès. Copyright: Neanderthal Museum, Mettmann

*Blick aus dem Steinbruch nach Oberkassel und Bonn.
Foto: Rheineffizienz, UG & Co KG / CC BY-SA 3.0
(via Wikimedia Commons),
lizensiert unter Creative-Commons-Lizenz by-sa-3.0,
https://creativecommons.org/licenses/by-sa/3.0/legalcode*

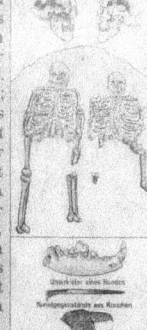

*Informationstafel nahe der Fundstelle der Doppelbestattung
von Oberkassel bei Bonn.
Die Tafel wurde 1989 vom Heimatverein Oberkassel angebracht.
Foto: Hans Weingartz / CC BY-SA 3.0
(via Wikimedia Commons),
lizensiert unter Creative-Commons-Lizenz by-sa-3.0,
https://creativecommons.org/licenses/by-sa/3.0/legalcode*

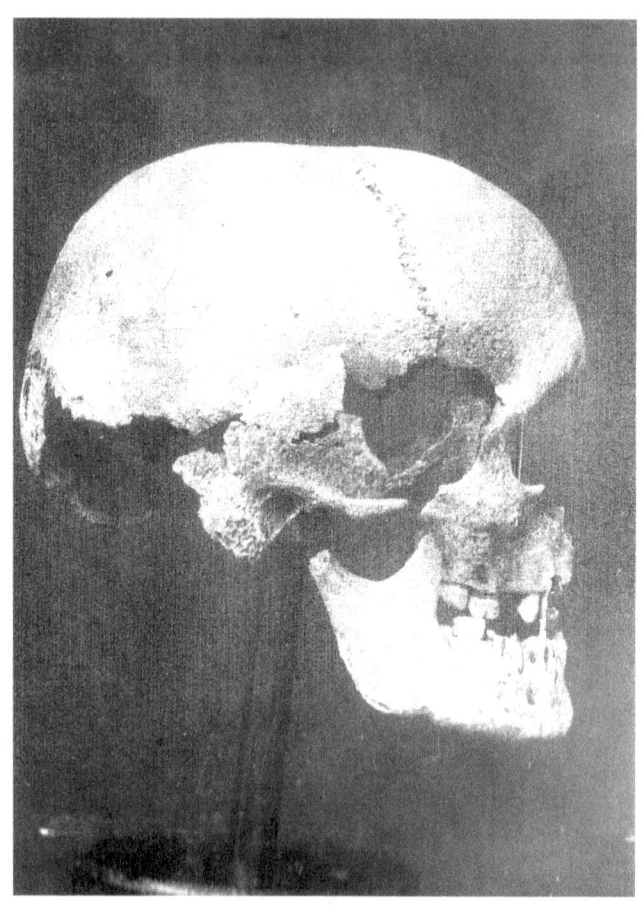

*Menschlicher Schädelfund um 1912
bei der Rauschermühle unweit von Plaidt in Rheinland-Pfalz.
Foto vermutlich aus den 1920er Jahren:
Archiv des Mayener Geschichts- und Altertumsvereins*

Oberkassel sowie der Denkmal- und Geschichtsverein Bonn-Rechtsrheinisch eingesetzt. Der Antrag fand in der Sitzung der Bezirksvertretung Beuel Ende Januar 2014 die Zustimmung aller Fraktionen. Kissel war 1912 nach Oberkassel gekommen, um an der katholischen Volksschule zu unterrichten. Er machte sich auch Kommunalpolitiker (Zentrum) und Heimatforscher verdient. 1976 ehrte man ihn mit dem Bundesverdienstkreuz. Doch nun zurück in die Zeit der Federmesser-Gruppen. Es ist ein merkwürdiger Zufall, dass alle tatsächlichen oder mutmaßlichen Skelettreste von Federmesser-Leuten in Deutschland unsachgemäß von Laien geborgen, dabei teilweise beschädigt bzw. zerstört, später am Aufbewahrungsort während des Zweiten Weltkrieges vernichtet oder in der Nachkriegszeit vergessen wurden.

Als Opfer der erwähnten Vulkankatastrophe im Gebiet des Laacher Sees vor rund 13.000 Jahren hat man menschliche Skelettreste von der Rauschermühle bei Plaidt und von Weißenthurm bei Koblenz (beide Kreis Mayen-Koblenz) in Rheinland-Pfalz gedeutet. Traurigerweise ist in beiden Fällen nicht das Geringste davon erhalten geblieben.

An der Rauschermühle bei Plaidt wurde vermutlich bei Erdarbeiten für den Bau des Elektrizitätswerkes im Nettetal um 1912 ein menschlicher Schädel mit Unterkiefer entdeckt. Darauf stieß man in etwa 18 Meter Tiefe unter der Erdoberfläche in einer Lössschicht unter dem Bims des Vulkanausbruches. Die Fundstelle liegt auf Saffiger Gemarkung, aber unmittelbar an der Plaidter Gemarkungsgrenze. Irgendwann zwischen 1925 und 1930 wurde der Schädel dem damaligen Eifelvereins-Museum Mayen (heute: Eifeler Landschaftsmuseum) übergeben. Als Erster berichtete 1930 Peter Hörter (1860–1930) in der zweiten Auflage seiner Schrift „Der Kreis Mayen in ur- und frühgeschichtlicher Zeit" über den Rauschermühle-Schädel.

*15 menschliche Knochenfragmente und 13 einzelne Zähne, die am 3. Februar 1922 in einer Bimsgrube bei Weißenthurm am Fuß der Kettiger Höhe entdeckt wurden.
Das einzige Foto dieser Funde befindet sich in den Ortsakten der Archäologischen Denkmalpflege, Amt Koblenz.*

Wahrscheinlich ging der Orginalfund während des Zweiten Weltkrieges verloren. Weil der erste Hinweis von 1930 an entlegener Stelle in der Literatur erfolgte, blieb die Entdeckung lange unbekannt.

Der Prähistoriker Gerhard Bosinski erwähnte 1986 und 1992 die Skelettreste von der Rauschermühle und von Weißenturm als mögliche Opfer des Laacher Vulkanausbruchs am Ende der letzten Eiszeit. Auch der Wissenschaftsautor Ernst Probst wies 1991 in seinem Buch „Deutschland in der Steinzeit" kurz auf diese Funde hin und bezeichnete sie ebenfalls als Opfer der Vulkankatastrophe. In den 1990er Jahren sichteten der Bibliothekar Fridolin Hörter (1924–2017) und Museumsdirektor Dr. Bernd C. Oesterwind die Archivbestände des Mayener Geschichts- und Alterstumsvereins im Eifeler Landschaftsmuseum. Dabei stießen sie auf drei alte Fotografien im Format 12,4 x 17,3 Zentimeter mit der Ober-, Vorder- und rechten Seitenansicht des auf einen Ständer montierten Schädels. Hans Schüller, der Vorsitzende des Geschichts- und Altertumsvereins für Mayen und Umgebung, vermutet, die Fotos seien in den 1920er Jahren aufgenommen worden, als der Schädel in einer Vitrine des Museums ausgestellt war. Der Prähistoriker Dr. Klaus Schäfer vom Stadtmuseum Andernach zeigte 1995 in dem Werk „1100 Jahre Plaidt" die Aufnahme einer Seitenansicht. 1998 veröffentlichte der Münchner Anthropologe Dr. Peter Schröter die Ergebnisse seiner Auswertung der drei Fotos des verschollenen Rauschermühle-Schädels in der Publikation „Pellenz-Museum". Die linke Seite ist schwer beschädigt. Unter anderem fehlen das Schläfenbein, das Jochbein, die hintere Ober- und Unterkieferpartie sowie die meisten Zähne. Auch die rechte Seitenwand und Gesichtshälfte weisen Lücken auf. Schröter vermutet, der Rauschermühle-Schädel stamme von einer weiblichen Jugendlichen.

*Ausbruch des Vulkans Pinatubo
auf der Insel Luzon (Philippinen) vom 12. Juni 1991.
Der Ausbruch des Laacher Vulkans vor fast 13.000 Jahren
war anderthalbmal stärker
als derjenige des Pinatubo von 1991.
Foto: Dave Harlow, United States Geological Survwey (USGS),
CVO Photo Archives – Pinatubo, Philippinen
(via Wikimedia Commons),
Lizenz: gemeinfrei (Public domain)*

In einer Bimsgrube bei Weißenthurm am Fuß der Kettiger Höhe stießen Arbeiter am 3. Februar 1922 unter einer vier Meter mächtigen Bimsschicht auf menschliche Skelettreste. Sie schenkten diesen jedoch keine Beachtung und zerstörten sie teilweise. Als der Koblenzer Heimatforscher Adam Günther (1871–1940) zur Fundstelle kam, fand er nur noch einige Teile des Schädels, 14 stark abgekaute Zähne und wenige Skelettreste vor. Die Untersuchung der Zähne durch den Bonner Anatomen Friedrich Heiderich zeigte, dass es sich um einen etwa 50jährigen Mann handelte. Weil die widerstandsfähigen langen Röhrenknochen alle zerbrochen waren und viele Teile des Skelettes fehlten, glaubte Heiderich, es handle sich um Reste einer Kannibalenmahlzeit. Einer der Knochen war durch Feuereinwirkung schwarz gefärbt. Günther nahm an, dieser Mensch sei durch den explosionsartigen Vulkanausbruch getötet worden. Leider gingen diese Skelettreste bei einem Luftangriff auf München am 25. April 1944 verloren. Es ist jedoch noch ein Foto von jenen Menschenknochen und Zähnen vorhanden. Die Einordnung der Funde bei Weißenthurm in das Eiszeitalter ist umstritten.
1953 barg man in einer Sandgrube bei Neuwied-Irlich in Rheinland-Pfalz menschliche Knochen mit anhaftendem rotem Ocker sowie mehrere Artefakte. Die Funde wurden im Kreismuseum Neuwied aufbewahrt und gerieten in Vergessenheit. Erst 2000 ist man wieder auf diese Funde aufmerksam geworden. Nun untersuchte man sie mittels makroskopischer, radiologischer und lichtmikroskopischer Techniken. Mehrere AMS-14C-Datierungen an den Knochen ergaben übereinstimmend ein Alter zwischen 14.500 und 13.900 Jahren vor heute. Dies fällt in die Zeit vor dem Ausbruch des Laacher Vulkans. Außerdem entspricht es teilweise der Zeit der Federmesser-Gruppen und ungefähr der Zeit, in der die Doppelbe-

Foto auf Seite 97:

*Schneidezahn eines Rothirsches
mit einer Durchbohrung an der Wurzelspitze
und zehn horizontal verlaufenden Rillen an der Wurzel.
Der Zahn wurde 1953 in einer Sandgrube
bei Neuwied-Irlich in Rheinland-Pfalz
zusammen mit menschlichen Knochen
und mehreren Artefakten entdeckt.
Foto: GDKE, Dir. Landesarchäologie/M. Neumann.*

97

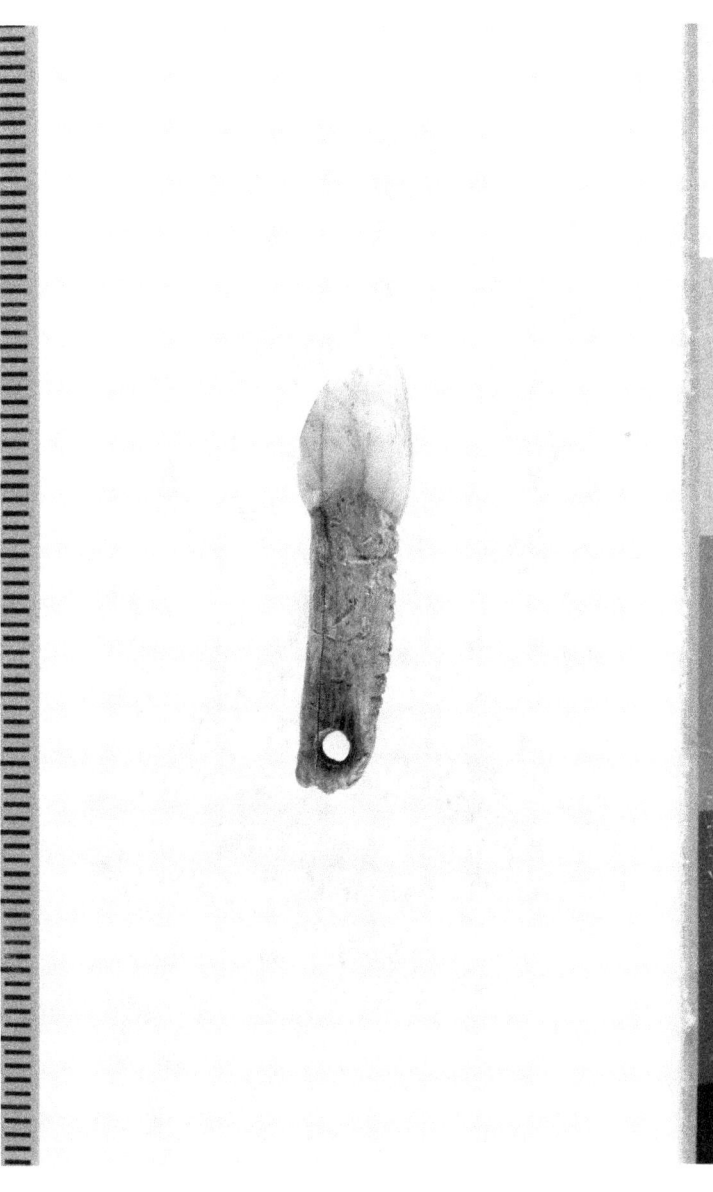

Göttinger Prähistoriker Klaus Grote.
Foto: Dr. Klaus Grote, Gleichen

stattung von Oberkassel bei Bonn erfolgte. Bei den Artefakten handelt es sich um eine Geweihspitze, ein Rückenmesser und eine Stichellamelle aus Feuerstein sowie um den Schneidezahn eines Rothirsches. Am Hirschzahn erkannte man eine Durchbohrung an der Wurzelspitze und zehn horizontal verlaufende Rillen an der Wurzel. Die Menschenknochen stammen vermutlich von insgesamt vier Personen (Irlich 1–4). Nämlich einem Erwachsenen und drei Kindern im Alter zwischen 6 und 12 Monaten, 4 und 8 Jahren sowie 8 und 12 Jahren. Der erwachsene Mensch (Irlich 1) litt möglicherweise an Vitamin C-Mangel. Die zumeist geringe Größe der Lagerplätze der Federmesser Leute von maximal 15 Meter Durchmesser deutet darauf hin, dass diese Jäger und Sammler überwiegend in kleinen Gruppen von höchstens 10 bis 15 Menschen zusammenlebten. Nach den Funden zu schließen, wohnten die Federmesser-Leute meist in Freilandsiedlungen. Siedlungsspuren von Federmesser-Leuten fand man auch unter einem Felsdach am Bettenroder Berg bei Reinhausen (Kreis Göttingen) in Niedersachsen. Diese Fundstelle wird Abri I genannt. Auf dem Platz unter dem schützenden Felsdach hatte man einen Teil der Fläche mit Sandsteinplatten gepflastert. Darauf lagen das Fragment eines großen Rothirschschädels mit von Menschenhand abgetrennten Geweihstangen sowie Steingeräte aus Kieselschiefer und nordischem Feuerstein. Abri I am Bettenroder Berg wurde 1986/87 durch den Göttinger Prähistoriker Klaus Grote untersucht. Rastplätze und Freilandsiedlungen der Federmesser-Leute kennt man aus Rheinland-Pfalz (Niederbieber, Urbar), Hessen (Rüsselsheim), Nordrhein-Westfalen (Westerkappeln), Niedersachsen (Achmer), Schleswig-Holstein (Ahrensburg-Borneck, Hamburg-Rissen, Wehlen) und Berlin. Dort wurden Siedlungsreste sowie Grundrisse von Windschirmen, Zelten oder Hütten nachgewiesen.

Niederbieber im Stadtgebiet von Neuwied (Kreis Mayen-Koblenz) gilt als einer der bedeutendsten Fundplätze der Federmesser-Gruppen in Deutschland. Zwischen 1981 und 1988 sowie zwischen 1996 und 1999 erfogten dort umfangreiche Ausgrabungen durch das Archäologische Forschungszentrum Monrepos des Römisch-Germanischen Zentralmuseums Mainz und die Archäologische Denkmalpflege Koblenz. Untersucht wurde dabei eine Fläche von insgesamt fast 1.000 Quadratmetern. Die Hinterlassenschaften von Jagdlagern und Werkplätzen lagen unter den Bimsablagerungen, die der Laacher Vulkan bei seinem verheerenden Ausbruch vor fast 13.000 Jahren hinterlassen hatte. Zum Fundgut gehören steinerne Werkzeuge, Abfälle der Werkzeugherstellung, Pfeilspitzen (Rückenspitzen), ein verzierter Pfeilschaftglätter, Jagdbeutereste von Elch, Rothirsch, Wildpferd, Wildschwein und Biber. Man stieß auch auf Feuerstellen, in denen sich verbrannte Tierknochen befanden. Vermutlich wurden die Knochen als Heizmaterial verwendet. Der Fundplatz in Niederbieber wurde im Winter 1980/81 durch den Sammler Josef Halm aus Köln entdeckt und ab 1981 ausgegraben.

Von einem Rastplatz stammen auch die Jagdbeutereste und Steinwerkzeuge, die an einem zum Felsmassiv des Ehrenbreitsteins gehörenden Hang in Urbar bei Vallendar (Kreis Mayen-Koblenz) zum Vorschein kamen. Sowohl in Niederbieber als auch in Urbar konnte man keine Reste einer Behausung nachweisen. Der Studienrat Günter Pausch hatte im Herbst 1966 bei Gartenarbeiten auf seinem Wohngrundstück in Urbar Steinwerkzeuge und Tierknochen gefunden und dies dem Staatlichen Amt für Vor- und Frühgeschichte Koblenz gemeldet. Der Platz wurde zunächst durch den Koblenzer Archäologen Hans Eiden (1912–2013) und dann durch den damals in Tübingen wirkenden Prähistoriker Hartwig Löhr ausgegraben.

In Rüsselsheim (Kreis Groß-Gerau) stand am Hang eines flachen Sandrückens ein Zelt mit ovalem Grundriss, das einer Familie Platz bot. Dessen Eingang lag im Westen. Im Zelt brannte ein Feuer, in dem zeitweise Gerölle erhitzt wurden, die man in Kochgruben warf, um eine Suppe zum Sieden zu bringen. Beim Zurechtschlagen und bei der Nachschärfung von Steingeräten splitterten kleine Teile ab und prallten teilweise gegen die Innenseite der Zeltwand. Da die Arbeiten innerhalb des Zeltes an der Feuerstelle durchgeführt wurden, dürfte es sich um eine Winterbehausung gehandelt haben. Der Zeltplatz in Rüsselsheim wurde 1989 bei Erdarbeiten zu einer neuen Autobahnzufahrt neben der Adam-Opel-Straße durch den Ingenieur und Heimatforscher Jürgen Hubbert aus Bauschheim entdeckt. Die Notbergung ab Winter 1989 nahm der Marburger Prähistoriker Lutz Fiedler vor.
Besonders viele Lagerplätze wurden in der Westerbecker Heide bei Westerkappeln (Kreis Steinfurt) angelegt. Dort hat 1955 der Lehrer Karl Falkenberg aus Westerkappeln-Metten mindestens zehn Lagerplätze von Federmesser-Leuten aufgespürt. Bei den ehemaligen Behausungen handelte es sich um ovale Hütten mit einem Durchmesser bis zu 3,50 Metern. Sie wurden vermutlich aus mit Schilf verkleideten armdicken Ästen errichtet. Im Innern einer dieser Hütten entdeckte man Spuren von Feuer. In ihrem hinteren Teil befand sich eine flache, breite Mulde, die als Schlafstelle gedeutet wird.
Im Stadtteil Achmer von Bramsche (Kreis Osnabrück) wies man eine Feuerstelle, brandrissige Feuersteinwerkzeuge und mutmaßliche Spuren von Windschirmen nach, die vielleicht aus Ästen. Strauchwerk und Tierfellen konstruiert waren. Die Wände der Windschirme dürfte man durch Erdaushub verankert haben. Solche offenen Behausungen sind beispielsweise in Sommerlagern der Pápago-Indianer im Südwesten

*Rekonstruierte Hütten aus der Zeit der Federmesser-Gruppen in der Westerbecker Heide bei Westerkappeln (Kries Steinfurt) in Nordrhein-Westfalen.
Die ovalen Behausungen
hatten einen Durchmesser bis zu 3,50 Metern.
Zeichnung: Westfälisches Museum für Archäologie, Münster*

Nordamerikas bekannt. Die Fundstelle Achmer wurde 1980 und 1981 durch den Osnabrücker Prähistoriker Andree Lindhorst untersucht.

Mitte der 1980er Jahre glückte dem Berliner Hobby-Archäologen Klaus Breest in der Talaue der Jeetzel bei Weitsche im niedersächsischen Kreis Lüchow-Dannenberg eine wichtige und folgenschwere Entdeckung. Bei einer seiner Feldbegehungen stieß er auf Spuren steinzeitlicher Lagerplätze, die beim Pflügen an die Erdoberfläche gelangt waren. Seine Funde lösten 1991 eine systematische Prospektion durch die Urgeschichtliche Abteilung des Niedersächsischen Landesmuseums in Hannover unter dem Prähistoriker Stephan Veil aus. Dabei fand man rund 100 Lagerplätze von Angehörigen der Federmesser-Gruppen, die dort als frühe Waldjäger aktiv gewesen waren. Bei einer Ausgrabung im August 1994 wurden mehrere Artefakte aus Bernstein geborgen, die vom Rumpf eines Tieres stammten, das man zunächst als Wildpferd deutete. 1995 und 1996 fand man weitere Bernsteinteile, darunter die Hinterbeine und den Hals. Erst 2004 wurde nach Aufbringung der Grabungskosten durch Sponsoren der fehlende Kopf aufgespürt. Inzwischen weiß man, dass es sich um eine Elchfigur handelt.

Am Fundort Ahrensburg-Borneck, wo sich bereits Rentierjäger der „Hamburger Kultur" (vor etwa 15.000 bis 14.000 Jahren) aufgehalten hatten, stieß man auf Reste einer Siedlung. Dabei handelte es um eine etwa 12 Meter lange Setzung von größeren Steinen, die teilweise ein regelrechtes Pflaster bildeten. Der Lagerplatz Ahrensburg-Borneck wurde im Spätherbst 1947 durch den Ahrensburger Prähistoriker Alfred Rust (1900–1983) entdeckt. Rust deutete die Steinsetzung als Rest einer mehrteiligen Zeltanlage, die offenbar aus zwei Rundzelten mit einem Grundriss von 4 bzw. 3 Meter bestand. Die Zelte waren durch

*Der Ahrensburger Prähistoriker Alfred Rust (1900–1983)
hat sich durch seine Ausgrabungen und Veröffentlichungen
um die Erforschung der „Hamburger Kultur"
und „Ahrensburger Kultur" große Verdienste erworben.
Foto: Dipl.-Ing. Klaus Möller, Ahrensburg*

ein rechteckiges Zwischenstück verbunden. Im Bereich des Steinpflasters befanden sich eine Feuerstelle und die meisten der etwa 1.000 Steinartefakte. Der Steinsockel sollte vermutlich die beheizbaren Wohn- und Schlafräume gegen das vom Hang herabfließende oder unterirdisch heraufdringende Schmelzwasser schützen. Die Zeltanlage von Ahrensburg-Borneck gilt als Behausung für den Winter.

Federmesser-Leute legten ihre Siedlungen in manchen Gegenden vorzugsweise in den Dünen an. Dort schmolz immer der Schnee wegen der ungehinderten Sonneneinstrahlung sehr rasch und Niederschläge versickerten ebenso ungehindert im sandigen Boden, den der ständig wehende Wind schnell trocknete.

Neben den bereits erwähnten Lagerstellen von Westerkappeln befanden sich auch die Wohnplätze von Hamburg-Rissen und von Wehlen (Kreis Harburg) in Dünengebieten. In Hamburg-Rissen stellte man fest, dass die Fundschicht der Federmesser-Gruppen unter Funden der „Ahrensburger Kultur" lag. Die Federmesser-Gruppen sind demnach älter als die Ahrensburger Kultur.

In Hamburg-Rissen wurden Mitte der 1930er Jahre durch den Hamburger Zoologen Karl Stülcken (1897–1966) die ersten Funde geborgen. Weitere Entdeckungen gelangen dessen Schüler Werner Ehrich, der als Techniker am Seminar für Vor- und Frühgeschichte in Hamburg tätig war. Der Wohnplatz wurde durch den Leiter der vorgeschichtlichen Abteilung des Städtischen Museums Altona, Roland Schröder (1902–1943), entdeckt.

Den Fundplatz Wehlen spürte 1878 Oberförster Karl Wilhelm Ernst Hilsenberg (1845–1910) aus Sellhorn auf. 1880 berichtete sein Freund, der damals in Karlsruhe lebende Kunstmaler und Heimatforscher Eugen Bracht (1842–1921), darüber.

Kunstmaler und Heimatforscher Eugen Bracht (1842–1921).
Foto aus „Illustrirte Zeitung" von 1912

Den Federmesser-Gruppen wird auch ein Teil der Funde zugerechnet, auf die man 1953 beim Pflügen eines Ackers in Berlin-Tegel aufmerksam wurde. Bei Ausgrabungen im Sommer 1957 an diesem Fundort kam eine Feuerstelle zum Vorschein, die mit Tierknochen beheizt worden war. Außerdem barg man Feuersteinwerkzeuge. Ein Teil dieser Funde stammte von Rentierjägern der Ahrensburger Kultur.
Menschen der Federmesser-Gruppen im Rheinland erbeuteten mit Pfeil und Bogen Elche, Hirsche, Auerochsen, Wildpferde, Gämsen und Biber. Jagdbeutereste dieser Tiere wurden in Niederbieber (Kreis Neuwied) nachgewiesen. Pfeil und Bogen, die in dieser Zeit in Deutschland zum erstenmal auftraten, machten vor allem die Jagd auf scheue und gefährliche Tiere leichter. Auch im norddeutschen Flachland jagten die Federmesser-Leute Elche. Im Winter konnten sie dort außerdem Rentiere erlegen, die im Herbst aus den südskandinavischen Sommeräsungsgebieten einwanderten. Aus Kettig (Kreis Mayen-Koblenz) in Rheinland-Pfalz ist eine grazile Harpune aus Geweih bekannt.
Knochenreste und Zähne von zwei Hunden in Oberkassel bei Bonn in Nordrhein-Westfalen und Knochen eines Hundes aus dem Abri I am Bettenroder Berg bei Reinhausen in Niedersachsen beweisen, dass die Federmesser-Leute wie ihre Vorgänger aus dem Magdalénien mit gezähmten Nachfahren des Wolfes zusammenlebten. Die Knochen und Zähne aus Oberkassel kamen – wie erwähnt – im Doppelgrab zum Vorschein. Die Knochen aus dem Abri I wurden in einer dünnen Brandschicht entdeckt, in der sich auch Steingeräte der Federmesser-Gruppen befanden.
Über die Kleidung, den Schmuck und etwaige Tauschgeschäfte mit begehrten Produkten sind bei den Federmesser-Leuten keine oder kaum konkrete Aussagen möglich, weil bisher ent-

*Pfeilschaftglätter aus rötlichem Sandstein von Niederbieber
(Kreis Neuwied) in Rheinland-Pfalz mit Schleifrille (oben)
und eingravierten Frauenfiguren (unten).
Vermutlich wird eine Tanzszene dargestellt.
Länge, 15,3 Zentimeter, Höhe 4,1 Zentimeter.
Foto: Landesamt für Denkmalpflege Rheinland-Pfalz,
Außenstelle Koblenz*

sprechende Funde fehlen. Da es damals bei Wanderungen oder Jagdstreifzügen zu Kontakten mit anderen Menschen kam, wird man dabei manchmal bestimmte Gegenstände getauscht haben. Kleidung war wohl nicht nur in den Kaltphasen, sondern auch in der Warmphase des Alleröd-Interstadials unabdingbar, sei es im Winter, bei schlechtem Wetter in den übrigen Jahreszeiten oder wegen der nächtlichen Abkühlung. Als Rohmaterial für Jacken, Hosen und Schuhe dürfte Hirschleder gedient haben. Schmuck gehörte schon seit dem Aurignacien vor mehr als 30.000 Jahren zum Leben der Menschen.
Im Buch „Deutschland in der Steinzeit" von 1991 hieß es: „Bisher ist nur ein einziges Kunstwerk der Federmesser-Leute bekannt geworden. Bei diesem seltenen Fund handelt es sich um einen Pfeilschaftglätter aus rötlichem Sandstein, der bei Ausgrabungen in Niederbieber ans Tageslicht kam. Eine der beiden Seitenkanten dieses Gerätes ist mit stark schematisierten Frauengestalten verziert. Diese Gravuren erinnern an die Ritzzeichnungen auf den Schieferplatten der Magdalénien-Siedlungen Gönnersdorf und Andernach. Auch auf dem Pfeilschaftglätter von Niederbieber sind die hintereinander aufgereihten Frauen ohne Kopf und Füße abgebildet, auffällig betont ist auch hier das Gesäß. Dargestellt wird vermutlich eine Tanzszene. Wie in anderen steinzeitlichen Kulturstufen dürften Tanz und Musik im Alltag, aber auch im Kult der Federmesser-Leute eine erhebliche Rolle gespielt haben. Vielleicht handelt es sich um eine Initiationsfeier, bei der Jugendliche in den Kreis der Erwachsenen aufgenommen wurden."
Im Online-Lexikon „Wikipedia" liest man inzwischen, in den Federmesser-Horizont datiere das Bernsteintier von Weitsche als eines der seltenen Kleinkunstwerke. Dabei handle es sich um die rund 10 Zentimeter lange Darstellung einer Elchkuh. 30 Einzelteile dieser fast 14.000 Jahre alten Figur seien zwischen

*Schieferplatte von Gönnersdorf,
ein Ortsteil des Stadtteils Feldkirchen der Stadt Neuwied
in Rheinland-Pfalz,
mit Frauendarstellungen (Venusdarstellungen)
aus der Altsteinzeit vor etwa 15.500 Jahren.
Foto: Regina Hecht (via Wikimedia Commons),
Lizenz: GNU Free Documentation License, Version 1.2*

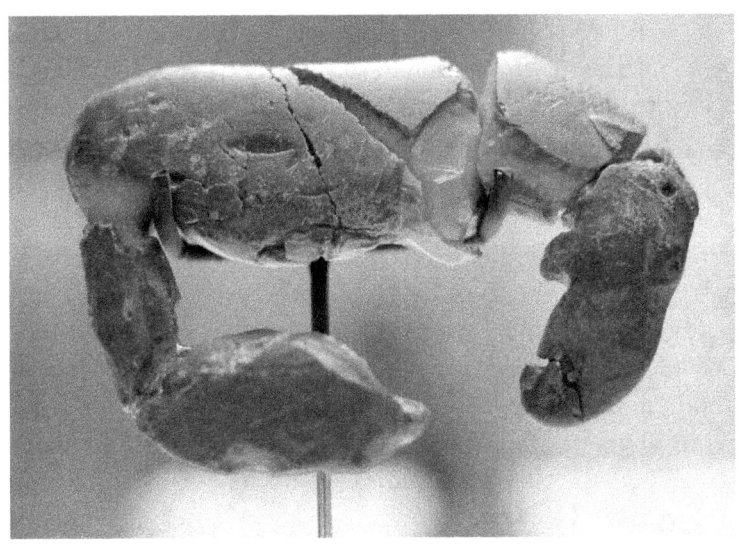

Der Bernstein-Elch von Weitsche,
ein Ortsteil von Lüchow in Niedersachsen,
gilt als Kleinkunstwerk aus der Zeit der Federmesser-Gruppen.
Foto: Axel Hindemith, Lizenz: Creative Commons by-sa-3.0 de
(via Wikimedia Commons),
lizensiert unter Creative-Commons-Lizenz by-sa-3.0-de,
https://creativecommons.org/licenses/by-sa/3.0/legalcode

1994 und 2004 zusammen mit etwa 20 weiteren Fragmenten von bearbeitetem Bernstein geborgen worden. Die Figur verkörpert einen Elch mit tief zum Boden gesenktem, 4 Zentimeter langem Kopf. Der Bernstein-Elch von Weitsche gilt als das älteste Kunstwerk in Niedersachsen und als die früheste Tierdarstellung aus Bernstein. Nach Ansicht des Prähistorikers Stephan Veil aus Hannover hat man am Lagerplatz Weitsche 1 eine altsteinzeitliche Bernsteinwerkstatt entdeckt.

Weitere Kunstwerke aus der Zeit der Federmesser-Gruppen sind die bereits erwähnten zwei Funde aus dem Doppelgrab von Oberkassel bei Bonn. Nämlich der etwa 20 Zentimeter lange Knochenstab mit Pferdekopf sowie die 8,5 Zentimeter lange, bis zu 4 Zentimeter breite und knapp 1 Zentimeter dicke, zerbrochene Schnitzerei einer mutmaßlichen Elchkuh aus Knochen oder Geweih.

In den 1990er Jahren hat man an verschiedenen Fundorten im Rheinland kleine teilweise durchbohrte Schieferplättchen mit Ritzungen aus der Zeit der Federmesser-Gruppen gefunden. Solche sogenannten „mobilen Kleinkunstwerke" wurden 1995 aus Lintdorf (Stadt Ratingen) und Gangelt (Kreis Heinsberg) geborgen. Eventuell stammen auch zwei Schieferplättchen mit Ritzungen auf beiden Seiten, die im Abstand von 19 Jahren in Inden-Altdorf (Kreis Düren) zum Vorschein kamen, von Federmesser-Leuten. Im Frühjahr 1993 gelang dort die Entdeckung eines 5 Zentimeter langen, 5 Zentimeter breiten und 4 Millimeter dicken Schieferplättchens (WW93/214), das eher wie ein Übungsstück aussieht.

2012 glückte in Inden-Altdorf der Fund eines 10 Zentimeter langen und 5,5 Zentimeter breiten Schieferplättchens (WW2012/11), dessen Ritzungen mit „sicherer Hand" ausgeführt wurden. Beide Fundstellen liegen ungefähr 1,2 Kilometer voneinander entfernt. Auf beiden Plättchen befinden sich einfache gerade Linien und Verknüpfungen gerader Linien zu linearen Figuren. Auf WW93/214 sind eine Zickzacklinie und ein Oval erkennbar, auf WW2012/11 ein Winkel und ein Gittermuster. Solche abstrakten Zeichen verwendeten auch andere prähistorische Künstler.

Die Prähistoriker Jürgen Thissen und Ralf-W. Schmitz deuteten 2013 ein Motiv auf dem Fund WW2012/11 von Inden-Altdorf sehr phantasievoll. Für sie war dies die Beschwörung einer im Rurtal erwarteten Tierherde auf ihrem Weg in die Sommereinstandsgebiete, um sie mit einem schamanistischen Bann in die vorbereitete Falle zu treiben.

Die Steinwerkzeuge der Federmesser-Leute wurden häufig aus Feuerstein, aber auch aus anderen Steinarten hergestellt. In Miesenheim II (Kreis Mayen-Koblenz) in Rheinland-Pfalz fand man Abschläge aus Maas-Feuerstein, der in mehr als 100 Kilometer Entfernung vorkommt. Die Fundstelle Miesenheim II wurde im Juli 1982 durch den Marburger Archäologiestudenten Axel von Berg entdeckt. 1982 leitete der Kölner Prähistoriker Hermann-Josef Fruth eine kleinere Voruntersuchung für die Forschungsstelle Altsteinzeit (damals der Universität Köln angeschlossen). Danach wurde von der Universität Köln (später Römisch-Germanisches Zentralmuseum Mainz) und vom Botanischen Institut der Universität Stuttgart unter den Professoren Gerhard Bosinski und Burkhard Frenzel eine Arbeitsgruppe gebildet, die den Fundplatz untersuchte. Die Grabungsleitung oblag Martin Street. Ab 1984 lief die Grabung als Forschungsprogramm der Stiftung Volkswagenwerk.

In Thür (Kreis Mayen-Koblenz) entdeckte man Abschläge aus Quarzit. Die Fundstelle Thür wurde im November 1980 durch den damals ehrenamtlichen Mitarbeiter des Landesamtes für

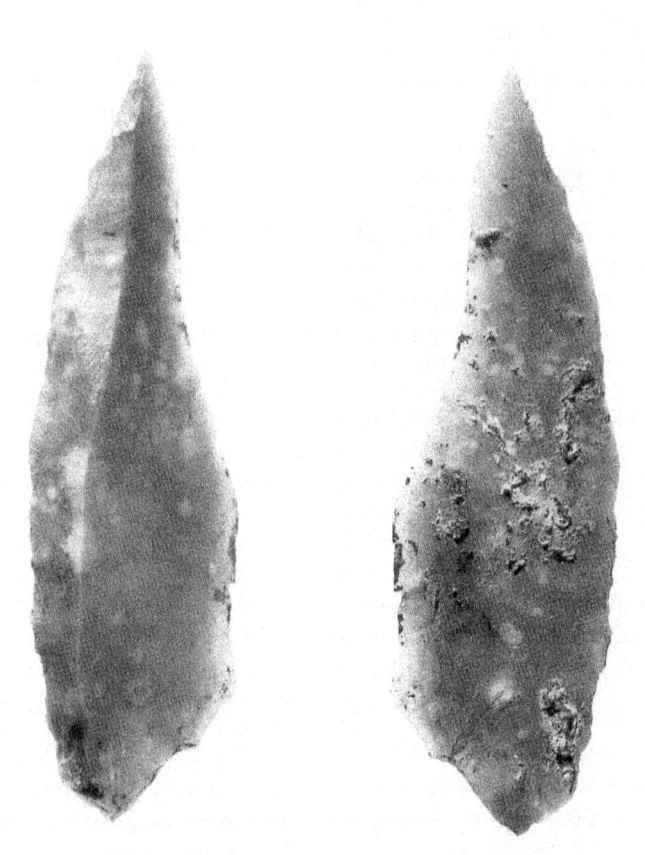

Pfeilspitze (Federmesser) aus der Zeit der Federmesser-Gruppen aus dem Wald von Miesenheim II (Kreis Mayen-Koblenz) in Rheinland-Pfalz von beiden Seiten gesehen. Länge 3,6 Zentimeter. Foto: Landesamt für Denkmalpflege Rheinland-Pfalz, Außenstelle Koblenz

Denkmalpflege, Abteilung Bodendenkmalpflege, Außenstelle Koblenz, Axel von Berg, in einer Bimsgrube entdeckt. Er und der Kölner Prähistoriker Hermann-Josef Fruth besichtigten noch am Fundtag die Fundstelle.

In Niederbieber (Kreis Mayen-Koblenz) barg man Werkzeuge aus Chalzedon, Kieselschiefer und Radiolarit. Chalzedon ist ein Silikatgestein, das nach dem Vorkommen dieses Gesteins bei der griechischen Stadt Chalkedon am Bosporus benannt ist. Chalzedon und Kieselschiefer gibt es im Mittelrheingebiet recht häufig. Bei dem rötlichen Radiolarit dagegen ist unklar, ob er im Rheinschotter vereinzelt vorhanden war oder auf andere Weise aus Süddeutschland nach Niederbieber gelangt ist.

Zu den Werkzeugformen der Federmesser-Leute gehörten kurze Kratzer zur Fell- oder Lederbearbeitung, Steineinsätze (Rückenmesser, darunter die Spezialform Federmesser), die in hölzerne Griffe oder Schäfte eingeklemmt wurden, und Stichel. All diese Werkzeuge wurden mit langgestreckten Geröllen (Retuscheuren) bearbeitet. Man drückte damit die Kanten ab, indem man den Retuscheur auf die Kante des zu bearbeitenden Steins setzte und mit Geweih oder Holzstücken darauf schlug. Die Federmesser dienten vermutlich zum großen Teil als seitliche Einsätze in Holzschäften und nicht nur als Pfeilspitzen, wie manchmal behauptet wird.

Der 1981 geborgene seltene Fund eines 7,1 x 3,4 x 2,2 Zentimeter großen Pfeilschaftglätters aus grobkörnigem Sandstein in Niederbieber und Funde von Pfeilspitzen bezeugen – erstmals für Deutschland – die Verwendung von Pfeil und Bogen als Waffe bei der Jagd oder im Kampf. Der Pfeilschaftglätter weist eine längliche Rille auf, die zum Schmirgeln und Glätten der hölzernen Pfeilschäfte diente. Die Pfeilspitzen sind meist aus nordischem Feuerstein, aber auch aus Chalzedon, angefertigt worden. Sie waren bis zu 4 Zentimeter lang, in der Mitte maximal 1 Zentimeter breit und wiesen scharfe Schneiden und Spitzen auf. Von den Holzschäften und Bögen selbst hat man bisher keine Überreste entdeckt.

Hermann Schwabedissen teilte 1954 die Federmesser-Gruppen nach der unterschiedlichen Zusammensetzung des Fundgutes in drei Gruppen ein: die Tjonger Gruppe, die Rissener Gruppe und die Wehlener Gruppe. Dieses Schema gilt noch heute. Die Tjonger Gruppe war in Nordbelgien, in den Niederlanden sowie gebietsweise in Niedersachsen und Schleswig-Holstein verbreitet. Sie ist nach dem Fluss Tjonger, der in die Zuider-See mündet, benannt. Diese Gruppe folgte auf das englische Creswellien (benannt nach den Creswell Crags), eine Sondergruppe des Magdalénien. Zu den am östlichsten gelegenen Fundstellen der Tjonger Gruppe gehören Hohenholz bei Steinhude und Schobüll bei Husum.

Die Rissener Gruppe wurde in Nordwestdeutschland und im nordöstlichen Teil der Niederlande nachgewiesen. Sie hatte offenbar Beziehungen zum zeitgleichen Spätmagdalénien im Rheinland und in Südwestdeutschland. Der Name Rissener Gruppe erinnert an den Fundort Hamburg-Rissen innerhalb eines Dünengebietes, der etwa zwei Kilometer vom Steilufer der Elbe entfernt ist. Zur Rissener Gruppe zählen die Freilandfundplätze Dowesee bei Braunschweig, Leiferde und Westerbeck (beide Kreis Gifhorn), Misburg bei Hannover, Sögel im Hümmling (Kreis Emsland) in Niedersachsen sowie Kalbe-Kremkau in Sachsen-Anhalt.

Am Hochrand des Dowesees bei Braunschweig wurden bereits im 19. Jahrhundert Feuersteinwerkzeuge geborgen. Auf die Fundstelle Leiferde wurde Kurt Vollbrecht aus Braunschweig aufmerksam. Die Funde von Westerbeck wurden durch den Lehrer und Leiter des Heimatmuseums in Gifhorn, Bernhard

Zeitz (1897–1981), entdeckt. In Misburg barg um die Mitte der 1930er Jahre der Lehrer Anton Scholand (1890–1973) aus Misburg Feuersteinwerkzeuge. Der Fundplatz Sögel wurde durch die Prähistorikerin Elisabeth Schlicht (1914–1989) aus Sögel entdeckt, die 1940 darüber in ihrer Kieler Dissertation berichtete. In Kalbe-Kremkau hat der Mittelschullehrer Heinrich Julius Müller (1888–1922) aus Kalbe an der Milde gesammelt.

Werkzeuge der Rissener Gruppe entdeckte man auch in einigen nordrhein-westfälischen Höhlen. Beispielsweise in der Balver Höhle, Feldhofhöhle bei Balve, Grürmannshöhle bei Iserlohn und in der Martinshöhle bei Letmathe (alle Märkischer Kreis) und im Eppenloch (Kreis Steinfurt). In der niederländischen Provinz Friesland gehören die Fundorte Donkerbroek, Kjellinge und Prandinge dazu.

Bereits seit dem Ende der 1830er Jahre wurden mit eiszeitlichen Tierresten durchsetzte Ablagerungen aus der Balver Höhle als phosphatreiche Düngemittel abgebaut und auf die umliegenden Felder gebracht. 1843 nahm J. Fr. Oest unter Aufsicht des Berggeschworenen Wagner die ersten Schürfe in der Höhle vor. 1844 gruben die Berggeschworenen Wilhelm Castendyck (1824–1894) und Hermann Wagner (1817–1888) vom damaligen Bergamt Siegen auf Veranlassung des Oberbergamtes Bonn in der Balver Höhle. Sie entdeckten Steinwerkzeuge, erkannten jedoch deren Bedeutung nicht. Es folgten Untersuchungen durch den Berggeschworenen Liste (1852), den Berggeschworenen Theodor Hundt (1818–1886) aus Siegen und den Paläontologen Wilhelm von der Marck (1815–1900) aus Hamm in Westfalen (um 1866). Bei diesen frühen Erforschern der Balver Höhle sind teilweise der Vorname, der Wohnort sowie das Geburts- und Todesjahr nicht zu eruieren. Danach forschten in der Balver Höhle: 1869 der Bergassessor

*Balver Höhle (Märkischer Kreis) in Nordrhein-Westfalen vor 1900.
Aufnahme eines unbekannten Fotografen
(via Wikimedia Commons),
Lizenz: gemeinfrei (Public domain)*

Fritz Freiherr von Dücker (1827–1892), 1870 der Berliner Anatom Rudolf Virchow (1821–1902), 1871 der Bonner Geologe und Bergmann Ernst Heinrich Karl von Dechen (1800–1889), 1872 der Bonner Anatom Hermann Schaaffhausen (1816–1893), 1925/1926 der Prähistoriker Julius Andree (1889–1942) aus Münster und 1939 der Rektor Bernhard Bahnschulte (1894–1974) aus Rüthen/Möhne.

Seit 1852 wurden knochenreiche Ablagerungen aus der Feldhofhöhle (bis 1869 Klusensteiner Höhle genannt) als Dünger auf die Felder gefahren. Der Bergassessor Fritz Freiherr von Dücker (1827–1892) barg 1867 die ersten Funde. 1869 grub der Bergingenieur Anton Beuther aus Miltenberg in der Höhle. 1872 und 1874 forschte der Bonner Anatom Hermann Schaaffhausen in der Feldhofhöhle. 1884 sammelte C. Lent einige Artefakte und 1925/1926 der Prähistoriker Julius Andree aus Münster in der Höhle.

Der Prähistoriker Andree fand im Bonner Museum ein Kästchen mit Funden, die nach einer Notiz des Bonner Anatomen Hermann Schaaffhausen aus Iserlohn stammen. Dabei handelt es sich vermutlich um Funde aus der Grürmannshöhle. In der Martinshöhle hat Schaaffhausen 1870 gegraben. Sie wurde zu Beginn des 20. Jahrhunderts durch einen Steinbruchbetrieb zerstört. Im Sommer 1935 wurden bei Abraumarbeiten an der Hohen Liet südlich von Warstein zahlreiche Knochen von eiszeitlichen Tieren entdeckt. Die Untersuchung durch den Konrektor Eberhard Henneböhle (1891–1979) aus Rüthen/Möhne ergab, dass dort eine ehemalige Höhle angeschnitten worden war. Im Anschluss an die Grabung an der Hohen Liet wurde auch die gegenüberliegende Höhle Eppen-loch untersucht. Sie war 12 Meter lang, 2 Meter breit und hoch und besaß kurz vor ihrem Ende einen fast 5 Meter hohen Schacht. Das Eppenloch wurde 1953/54 durch Kalksteinabbau zerstört.

*Berliner Anatom Rudolf Virchow (1821–1902).
Porträt von Rudolf Virchow,
Lithographie von Georg Engelbach (1817–1894).
Bild (via Wikimedia Commons),
Lizenz: gemeinfrei (Public domain)*

*Bonner Geologe und Bergmann
Ernst Heinrich Karl von Dechen (1800–1889).
Porträt eines unbekannten Fotografen.
Bild (via Wikimedia Commons),
Lizenz: gemeinfrei (Public domain)*

Bonner Anatom Hermann Schaaffhausen (1816–1893).
Porträt eines unbekannten Künstlers.
Bild (via Wikimedia Commons),
Lizenz: gemeinfrei (Public domain)

Die Wehlener Gruppe kam im südlichen Schleswig-Holstein, im nordöstlichen Niedersachsen und in Sachsen-Anhalt vor. Sie wurde nach einer Fundstelle von Feuersteinartefakten in einem Dünengelände bei Wehlen in der Lüneburger Heide benannt. Zur Wehlener Gruppe rechnet man unter anderem auch die Freilandfundplätze Ahrensburg-Bornwisch, Grande östlich von Hamburg und Sprenge nördlich von Kiel in Schleswig-Holstein sowie Nettelhorst (Kreis Gardelegen) in Sachsen-Anhalt.
In Ahrensburg-Bornwisch hat Alfred Rust in den 1930er Jahren beim Anlegen von Suchlöchern in jeweils 5 Meter Abstand auch Federmesser entdeckt. In Grande haben der Mittelschullehrer Hans Riecken (1894–1967) aus Rausdorf und Herbert Schultz aus Hamburg-Fuhlsbüttel Funde zusammengetragen. Funde aus Sprenge werden im Heimatmuseum Bad Oldesloe und im Museum für Archäologie in Schleswig aufbewahrt. Der Fundplatz Nettelhorst wurde durch Heinrich Julius Müller entdeckt.
Die einzigen aussagekräftigen Skelettreste von Federmesser-Leuten hat man – wie erwähnt – im Doppelgrab von Oberkassel bei Bonn gefunden. Dies ist angesichts der relativ zahlreichen sonstigen Funde im Freiland und in etlichen Höhlen erstaunlich. Da sich die Religion altsteinzeitlicher Kulturstufen am ehesten in der Behandlung und Bestattung der Toten widerspiegelt, sind kaum konkrete Aussagen über die Gedankenwelt der Federmesser Leute möglich.

*Luftbild von Schloss Gottorf
mit den Schleswig-Holsteinischen Landesmuseen in Schleswig.
Im Schloss befinden sich das
Museum für Archäologie Schloss Gottdorf
und das Museum für Kunst und Kulturgeschichte Schloss Gottorf.
Foto: Wolfgang Pehlemann, Sternberg/Ostsee / CC-BY-SA 3.0
(via Wikimedia Commons),
lizensiert unter Creative-Commons-Lizenz by-sa-3.0,
https://creativecommons.org/licenses/by-sa/3.0/legalcode*

Literatur

BAALES, Michael: Exkurs: Bonn-Oberkassel (Nordrhein-Westfalen). In: Der spätpaläolithische Fundplatz Kettig, Mainz 2002.
BAALES, Michael: Eiszeitliches Pompej am Mittelrhein. In: Archäologie in Deutschland 5, S. 6–11, Stuttgart 2008.
BAALES, Michael: Jäger und Sammler am Ende der letzten Eiszeit in Mitteleuropa. Ein Überblick zum Forschungsstand. In: Eiszeitjäger. Leben im Paradies. Europa vor 15000 Jahren, S. 44–61, Bonn 2014.
BAALES, Michael / VAN LOHUIZEN, Thomas: Ein verziertes Schieferstück der späten Altsteinzeit aus Lintorf. In: Archäologie im Rheinland 1994, S. 19–21, Bonn 1995.
BAALES, Michael / MEVIS, V. / STREET, Martin: Der Federmesser-Fundplatz Urbar bei Koblenz (Kreis Mayen-Koblenz). In: Jahrbuch des Römisch-Germanischen Zentralmuseums Mainz 43(1), S. 241–279, Mainz 1996.
BAALES, MICHAEL / VON BERG, Axel: Völlig unerwartete Tierfährten von Pferden Braunbären, Rot- und Auerwild in Ablagerungen des allerödzeitlichen Laacher See-Vulkans (ca. 12,9 ky cal BP) bei Mertloch (Kr. Mayen-Koblenz, Neuwieder Becken, Rheinland-Pfalz, Deutschland). In: Tier und Museum 6, S. 68–74, Bonn 1999.
BAUER, Anne: Die Steinzeitmenschen von Oberkassel – Ein Bericht über das Doppelgrab am Stingenberg. In: Schriftenreihe des Heimatvereins Bonn-Oberkassel e. V., Nr. 17, 2. Auflage, Bonn-Oberkassel 2004.
BONNET, Robert: III. Die Skelete. In: Der diluviale Menschenfund von Obercassel bei Bonn, S. 11–185, Wiesbaden 1919.

BREUIL, Henri / KÜHN, Herbert. Die Magdalénien-Skulptur von Oberkassel. In: Jahrbuch für Prähistorische und Ethnographische Kunst, Berlin 1927.
BRUNNACKER, Karl / FRUTH, Hermann-Josef / JUVIGNE, Étienne / URBAN, Brigitte: Spätpaläolithische Funde aus Thür, Kreis Mayen-Koblenz. In: Archäologisches Korrespondenzblatt 12(1), S. 417–427, Mainz 1982.
EIDEN, Hans / LÖHR, Hartwig: Der endpaläolithische Fundplatz Urbar, Kreis Mayen-Koblenz (Rheinland-Pfalz). In: Archäologische Informationen, S. 45–47, Köln 1973/74.
ELBERN, Silke: Doppelgrab in Oberkassel: Jetzt werden die Knochen neu gezählt. In: General-Anzeiger Bonn, 12. Januar 2004.
ELBERN, Silke: Doppelgrab in Oberkassel. Alte Fotografie zeigt nicht die Schädel aus der Eiszeit. In: General-Anzeiger Bonn, 11. Februar 2004.
FEINE, Susanne / GIEMSCH, Liane / SCHMITZ, Ralf-W.: Das späteiszeitliche Doppelgrab von Oberkassel – Entdeckung, Nachgrabung, Prospektion. In: Eiszeitjäger. Leben im Paradies. Europa vor 15000 Jahren, S. 136–152, Bonn 2014.
FIEDLER, Lutz: Ein Siedlungsplatz der ausgehenden Altsteinzeit. In: Denkmalpflege in Hessen 1, S. 28–29, Wiesbaden 1990.
FILIP, Jan: Federmesser-Gruppen. In: Enzyklopädisches Handbuch zur Ur- und Frühgeschichte Europas, Band I (A–K), S. 350, Prag 1966.
FILIP, Jan: Oberkassel. In: Enzyklopädisches Handbuch zur Ur- und Frühgeschichte Europas, Band II (L–Z), S. 943, Prag 1969.
FLOHR, Stefan / VON BERG, Axel / VON ZIETHEN, Reiner Protsch: Die verschollenen „pleistozänen"

Menschenfunde von Weißenthrum, Kreis Mayen-Koblenz. Neue und alte Informationen. In: Anthropologischer Anzeiger 62, S. 1–10, Stuttgart 2004.
FREERICKS, Maria: Die Fläche VII (17/46–22/52) des späteiszeitlichen Fundplatzes Niederbieber. In: Archäologisches Korrespondenzblatt 21, S. 343–350, Mainz 1991.
GELHAUSEN, Frank: Die Siedlungsbefunde des späteiszeitlichen Fundplatzes Niederbieber (Stadt Neuwied). In: Monographie des Römisch-Germanischen Zentralmuseums Mainz 90, Mainz 2011.
GENERAL-ANZEIGER BONN (Online): Neue Gedenktafel für den Oberkasseler Mensch, 10. Juli 2013.
GENERAL-ANZEIGER BONN (Online): Auch Fisch gehörte zur täglichen Nahrung, 15. Februar 2014.
GENERAL-ANZEIGER BONN (Online): Wie der Oberkasseler Mensch lebte, 11. März 2014.
GENERAL-ANZEIGER BONN (Online): „Franz-Kissel-Weg" in Oberkassel – Stadt benennt Straßen neu, 28. März 2014.
GENERAL-ANZEIGER BONN (Online): Moderne Technik lüftet die Geheimnisse der Toten, 28. Juni 2014.
GENERAL-ANZEIGER BONN (Online): Ein Gesicht für die Oberkasseler Menschen, 4. Juli 2014.
GENERAL-ANZEIGER BONN (Online): Doppelgrab mit Aussicht, 18. Oktober 2014.
GENERAL-ANZEIGER BONN (Online): Oberkasseler Menschen wuchsen im Rheinland auf, 28. November 2014.
GENERAL-ANZEIGER BONN (Online): Ausstellung über Oberkasseler Eiszeitjäger. Das Grab im Steinbruch, 27. Juni 2015.
GERLACH, Renate / SCHMITZ, Ralph-W. / THISSEN,

Jürgen: Magdalénien-Fundplatz Oberkassel – Nach 80 Jahren eine unverhoffte Chance. In: KOSCHIK, Hans (Herausgeber): Archäologie im Rheinland 1994, S. 17–19, Bonn 1995.

GIEMSCH, Liane / SCHMITZ, Ralf-W.: Das Doppelgrab von Oberkassel – eine zufällige Entdeckung wird zur wissenschaftlichen Sensation. In: Eiszeitjäger. Leben im Paradies. Europa vor 15000 Jahren, S. 130–135, Bonn 2014.

GIEMSCH, Liane / SCHMITZ, Ralf-W.: Forschung ohne Ende: das späteiszeitliche Doppelgrab von Bonn-Oberkassel. In: Archäologie in Deutschland 11, Stuttgart 2014.

GIESELER, W.ilhelm: Germany. In: OAKLEY, Kenneth Page / CAMPBELL, Bernard Grant / MOLLESON, Theya Ivitsky: Catalogue of Fossil Hominids. Part II: Europe. S. 189–215, London.1971.

GRAF, Norbert: Im memoriam Werner Schönweiß. In: Natur und Mensch, Jahresmitteilungen der Naturhistorischen Gesellschaft Nürnberg e. V., Nürnberg 2000–2001.

GRAMSCH, Bernhard: Ein Lagerplatz der Federmesser-Gruppe bei Golßen, Kr. Luckau. In: Ausgrabungen und Funde 14, S. 121–128, Berlin 1969.

GÜNTHER, Adam: Die Löß-und Bimsablagerungen des Neuwieder Beckens und ihre Bedeutung für die Urgeschichtsforschung. In: Rheinische Heimatblätter, S. 51–56, 130–134, Koblenz 1924.

HEIMATVEREIN BONN-OBERKASSEL E. V.
https://www.heimatverein-oberkassel.de/

HEIMATVEREIN BONN-OBERKASSEL E. V.: Oberkasseler Mensch. Die Entdeckung vor 100 Jahren. https://www.heimatverein-oberkassel.de/themen/oberkasseler-mensch/

HEINEN, Martin: Wesseling ein bedeutender Fundplatz der Federmesser-Gruppen im Rheinland. In: Eiszeitjäger. Leben im Paradies. Europa vor 15000 Jahren, S. 256–273, Bonn 2014.
HEINZ, Johanna: 100 Jahre Oberkasseler Mensch. Junglehrer mit historischem Gespür. Weg am Stingenberg nach Franz Kissel benannt. In: Bonner General-Anzeiger, 12. Februar 2014.
HENKE, Winfried: Vergleichend-morphologische Kennzeichnung der Jungpaläolithiker von Oberkassel bei Bonn. In: Zeitschrift für Morphologie und Anthropologie 75(1), S. 27–44, Berlin 1984.
HENKE, Winfried: Die magdalénienzeitlichen Menschenfunde von Oberkassel bei Bonn. In: Bonner Jahrbücher 186, S. 317–366, Bonn 1986.
HENKE, Winfried: Jungpaläolithiker und Mesolithiker – Beiträge zur Anthropologie. Institut für Anthropologie, Johannes-Gutenberg-Universität. In: Habilitationsschrift FB Biologie, Mainz 1999.
HENKE, Winfried / SCHMITZ, Ralf-W. / STREET, Martin: Die späteiszeitlichen Funde von Bonn-Oberkassel. In: UELSBERG, Gabriele / LÖTTERS, Stefan (Herausgeber). Rheinisches Landesmuseum: Roots – Wurzeln der Menschheit, Bonn 2006.
HOMBITZER, Adolf: Aus Vorgeschichte und Geschichte Oberkassels und seiner Umgebung, Oberkassel 1959.
HÜLLE, Werner: R. R. Schmidt †. In: Quartär, S. 144–147, Bonn 1951.
IKINGER, Eva-Maria: Der endeiszeitliche Rückenspitzen-Kreis Mitteleuropas. In: Dissertation, Köln 1998.
JÄNNICKE, Wilhelm: Die Sandflora von Mainz, ein Relikt aus der Steppenzeit, Frankfurt am Main 1892

(Habilitationsarbeit, Universität Darmstadt, überarbeitete Fassung eines gleichnamigen Papiers, das 1889 in der botanischen Zeitschrift „Flora" veröffentlicht wurde).
JANSSENS, Luc / GIEMSCH, Liane / SCHMITZ, Ralf-W. / STREET, Martin / VAN DONGEN, Stefan / GROMBÉ, Philippe: A new look at an old dog: Bonn-Oberkassel reconsidered. In: Journal of Archaeological Science, Volume 92, S. 126–138, Leiden, April 2018.
https://doi.org/10.1016/j.jas.2018.01.004
JOACHIM, Hans-Eckart: Das Steinzeitgrab von Oberkassel. In: Holzlarer Bote, Jahrgang 15, Nr. 4, Bonn (Holzlar) 2001.
JOACHIM, Hans-Eckart: Vom Wolf zum Hund. In: Eiszeitjäger. Leben im Paradies. Europa vor 15000 Jahren, S. 168–173, Bonn 2014.
JÖRIS, OLAF: Jäger aus dem Norden. In: Heimatkalender des Kreises Heinsberg 1995, S. 13–31, Heinsberg 1995.
JÖRIS, Olaf / STREET, Martin / SIROCKO, Frank: Kapitel 15: Als der Norden plötzlich wärmer wurde ... (14.700–12.700 BP). In: SIROCKO, Frank et al.: Wetter, Klima, Menschheitsentwicklung, WBG, Darmstadt, S. 93–99, Darmstadt 2009.
JÖRIS, Olaf / STREET, Martin / SIROCKO, Frank 2009: Kapitel 16: Rentierjäger der Jüngeren Dryaszeit – das letzte kaltzeitliche Intermezzo (12.700–11.590 BP). In: SIROCKO, F. et al.: Wetter, Klima, Menschheitsentwicklung, WBG, Darmstadt, S. 100–102, Darmstadt 2009.
KÜHN, Herbert: Kunst und Kultur der Vorzeit Europas. Das Paläolithikum, Berlin-Leipzig 1929.
LINDTHORST, Andree Der Federmesser-Fundplatz von Achmer, Stadt Bramsche, Landkreis Osnabrück. In: Ausgrabungen in Niedersachsen. Archäologische Denkmalpflege 1979 bis 1984, S. 63–68, Stuttgart 1985.

LÖHR, Hermann-Joseph: Das Doppelgrab im Steinbruch Stingenberg. In: Rhein-Westerwald, 19. Mai 2014.
LOFTUS, John: Ein verzierter Pfeilschaftglätter von Fläche 64/74–73/78 des spätpaläolithischen Fundplatzes Niederbieber/ Neuwieder Becken. In: Archäologisches Korrespondenzblatt 12, S. 313–316, Mainz 1982.
LVR-LandesMuseum Bonn: Oberkassel. https://landesmuseum-bonn.lvr.de/de/forschung/projekte/oberkassel/oberkassel_1.html
MOLLISON, Theodor: Die Deutung zweier Fundstücke von Oberkassel. In: Anthropologischer Anzeiger 5, S. 156–160, Stuttgart 1928.
NEHREN, Rudolf / PASTOORS, Andreas: Jungpaläolithische Kunst im Indetal: Ein graviertes Schieferplättchen vom Fundplatz Inden-Altdorf. In: Archäologische Talauenforschung (Herausgeber): Ergebnisse eines Prospektionsprojekts des Institutes für Ur- und Frühgeschichte der Universität zu Köln. Rheinische Ausgrabungen 52, S. 87, Mainz 2001.
NOBIS, Günter: Der älteste Haushund lebte vor 14000 Jahren. In: Die Umschau 79, S. 610, Frankfurt am Main 1979.
NOBIS, Günter: Aus Bonn: Das älteste Haustier des Menschen. Unterkiefer eines Hundes aus dem Magdaléniengrab von Bonn-Oberkassel. In: Das Rheinische Landesmuseum Bonn 4(81), S. 49–50, Bonn 1981.
NOBIS, Günter: Die Wildsäugetiere in der Umwelt des Menschen von Oberkassel bei Bonn und das Domestikationsproblem von Wölfen im Jungpaläolithikum. In: Bonner Jahrbücher 186, S. 367–376, Bonn 1986.
OBERKASSELER ZEITUNG, 14. Februar 1914.
OBERKASSELER ZEITUNG, 30. Mai 1914.

ORSCHIEDT, Jörg / KIERDORF, Uwe / SCHULTZ, Michael / BAALES, Michael / VON BERG, Axel / FLOHR, Stefan: The Late Upper Paleolithic Human remains from Neuwied-Irlich, Germany. A rare find from the Late Glacial of Central Europe (Die spätpaläolithischen Menschenreste aus Neuwied-Irlich, Deutschland. Ein seltener Fund aus dem Spätglazial Mitteleuropas). In: Quartär 64, S. 203–216, Rahden/Westfalen 2017
PASTOORS, Andreas / LENSSEN-ERZ, Tilman: Spätpleistozäne Kunst in Inden-Altdorf, Rheinland. In: Universitätsforschungen zur prähistorischen Archäologie, S. 381–396, Festschrift zum 65. Geburtstag von Claus-Joachim Kind. Herausgegeben von Michael Baales und Clemens Pasda, Bonn 2019.
PROBST, Ernst: Deutschland in der Steinzeit. Jäger, Fischer und Bauern zwischen Nordseeküste und Alpenraum, München 1991.
PROBST, Ernst: Höhlenlöwen: Raubkatzen im Eiszeitalter, München 2009.
PROBST, Ernst: Das Mammut. Mit Zeichnungen von Shuhei Tamura, München 2014.
PROBST, Ernst: Das Magdalénien. Eine Kulturstufe der Altsteinzeit vor etwa 18.000 bis 12.000 Jahren, Leipzig 2021.
REICHENAU, Wilhelm von: Mainzer Flora. Beschreibung der wilden und eingebürgerten Blütenpflanzen von Mainz bis Bingen und Oppenheim mit Wiesbaden und dem Rheingau nebst dem Walde von Grossgerau (Deckeltitel: Flora von Mainz und Umgebung), Mainz 1900.
SALLER, Karl: Die Entstehung der „nordischen Rasse". In: Zeitschrift für Anatomie und Entwicklungsgeschichte 83, S. 411–590, Leipzig 1927.
SCHMITZ, Ralf-W.: *Homo sapiens*. In: UELSBERG, Gabriele

/ LÖTTERS, Stefan (Herausgeber). Rheinisches
Landesmuseum: Roots – Wurzeln der Menschheit, S. 350,
Bonn 2006.
SCHMITZ, Ralf-W. / THISSEN, Jürgen / WÜLLER,
Birgit: Vor 80 Jahren entdeckt. Neue Untersuchungen zu
Funden, Befunden, Geologie und Topographie des
Magdalénien-Fundplatzes von Bonn-Oberkassel.
In: Rheinisches Landesmuseum Bonn 4, Bonn 1994.
SCHMITZ, Ralf-W. / THISSEN, Jürgen:
Nachuntersuchungen im Bereich des Magdalénien-
Fundplatzes Bonn-Oberkassel. In: Archäologie in
Deutschland, Nr. 1/47, Stuttgart 1995.
SCHMITZ, Ralf-W. / THISSEN, Jürgen. Aktuelle
Untersuchungen zum endpleistozänen/frühholozänen
Fundplatz Bonn-Oberkassel. Ein Vorbericht. In:
Archäologische Informationen 19, S. 197–203, Köln 1997.
SCHMITZ, Ralf-W. / GIEMSCH, Liane: Neandertal und
Oberkassel – neue Forschungen zur frühen Menschheits-
geschichte des Rheinlandes. In: Fundgeschichten –
Archäologie in Nordrhein-Westfalen. Begleitbuch zur
Landesausstellung NRW 2010, Schriften zur Bodendenk-
malpflege in Nordrhein-Wesfalen, Band 9, Essen 2010.
SCHMITZ, Ralf-W. / FEINE, Susanne C. / GIEMSCH,
Liane: Junge Frau und alter Mann mit Hund. Das
außergewöhnliche Doppelgrab von Bonn-Oberkassel. In:
BAALES, Michael / TERBERGER.
Thomas (Herausgeber): Welt im Wandel. Leben am Ende
der letzten Eiszeit. In: Sonderheft 10/2016 der Zeitschrift
Archäologie in Deutschland, S. 67–77, Stuttgart 2016.
SCHONAUER, Karlheinz: Mein Opa Franz. Erinnerungen
an Franz Kissel (1891–1977), 2014.
https://www.buecherei-ok.de/wp-content/uploads/

2014_schonauer_franz-kissel.pdf
SCHÖNWEISS, Werner: Atzenhofener Gruppe. Letzte Eiszeitjäger in der Oberpfalz. Zur Verbreitung der Atzenhofener Gruppe des Endpaläolithikums in Nordbayern, Pressath 1992.
SCHRÖTER, Peter: Zum spätpaläolithischen Schädelfund an der Rauschermühle bei Plaidt. In: Pellenz-Museum Heft 7, Beiträge zur Vor-und Frühgeschichte des Kreises Mayen-Koblenz, im Eigenverlag des Fördervereins Pellenz-Museum e. V. Nickenich (Verbandsgemeinde Pellenz), S. 5–14, Nickenich 1998.
SCHUMACHER, Karl: Der Stein meines Großvaters. In: Nr. 21 der Beiträge zur Geschichte von Oberkassel und seiner Umgebung. Herausgegeben von Klaus Großjohann, Bonn-Oberkassel 2003.
SCHUMACHER, Karl (Herausgeber): Überliefertes und Erlebtes aus dem Siebengebirge. Von Eiszeitjägern, Mönchen, Vaganten, Räuberbanden und Steinmetzen. Mit Beiträgen von Josef Bonn, Bruno Hoenig, Mauritius Mittler, Martin Thiebes, Königswinter 2018.
SCHWABEDISSEN, Hermann: Die Federmesser-Gruppen des nordwesteuropäischen Flachlandes. Zur Ausbreitung des Spät-Magdalénien, Neumünster 1954.
STAMPFUSS, Rudolf: Adam Günther. In: Mannus, S. 340–343, Leipzig 1940.
STEINMANN, Gustav: II. Das geologische Alter der Funde: In: Der diluviale Menschenfund von Obercassel bei Bonn, S. 6–10, Wiesbaden 1919.
STREET, Martin: Ein Wald der Allerödzeit bei Miesenheim, Stadt Andernach (Neuwieder Becken). In: Archäologisches Korrespondenzblatt 16(1), S. 13–22, Mainz 1986.
STREET, Martin Street: Bonn-Oberkassel. In: BOSINSKI,

Gerhard / STREET, Martin / BAALES, Michael (Herausgeber): The Palaeolithic and Mesolithic of the Rhineland. In: SCHIRMER, Wolfgang (Herausgeber): Quaternary Field Trips in Central Europe. Volume 2: Field trips on special topics, S. 940–941, München 1995.
STREET, Martin: Ein Wiedersehen mit dem Hund von Bonn-Oberkassel. In: Bonner zoologische Beiträge 50, S. 269–290, Bonn 2002.
STREET, Martin / BAALES, Michael / JÖRIS, Olaf: Beiträge zur Chronologie archäologischer Fundstellen des letzten Glazials im nördlichen Rheinland. In: BECKER-HAUMANN, Raimo / FRECHEN, Manfred (Herausgeber): Terrestrische Quartärgeologie, Köln 1999.
SZOMBATHY, Josef: Die jungdiluvialen Skelette von Obercassel bei Bonn. In: Mitteilungen der Anthropologischen Gesellschaft Wien 50, S. 60–65, Wien 1920.
TAUTE, Wolfgang: Funde der spätpaläolithischen Federmesser-Gruppen aus dem Raum zwischen mittlerer Elbe und Weichsel. In: Berliner Jahrbuch für Vor-- und Frühgeschichte 3, S. 62–111 Berlin 1963.
THALMANN, Olaf: Complete mitochondrial genomes of ancient canids suggest a European origin of domestic dogs. In: Science, DOI: 10.1126/science.1243650.
THISSEN, Jürgen: Jäger und Sammler. Paläolithikum und Mesolithikum im Gebiet des Linken Niederhein. In: Dissertation Köln 1997.
THISSEN, Jürgen / SCHMITZ, Ralf-W: Ein bemerkenswertes Kunstobjekt aus der paläolithischen Siedlungskammer im Tagebau Inden. In: Archäologie im Rheinland 2012, S. 74–76, Bonn 2013.
TRINKAUS, Erik / LACY, Sarah: Die Menschen von

Oberkassel. In: Eiszeitjäger. Leben im Paradies. Europa vor 15000 Jahren, S. 153–157, Bonn 2014.

UHRMACHER, Robert: Zur Geschichte der Oberkasseler Basalt-Industrie und der Familien Uhrmacher und Adrian. In: Nr. 21 der Beiträge zur Geschichte von Oberkassel und seiner Umgebung. Herausgegeben von Klaus Großjohann, Oberkassel 2003.

UHRMACHER, Robert: Der Oberkasseler Steinzeit-Mensch (Internetseite der Familie Uhrmacher (Steinbruchbesitzer) über das Doppelgrab von Oberkassel, 8. April 2016.
http://www.familie-uhrmacher.de/kapt14.htm

UHRMACHER, Robert: Die Steinzeitmenschen von Oberkassel und das Haustier, der Hund – Evolution der Steinzeit
http://www.familie-uhrmacher.de/oberkassel.pdf

UHRMACHER, Robert: Neues vom Steinzeit-Hund aus Oberkassel. Wie man aus Zähnen lesen kann.
http://www.familie-uhrmacher.de/newsdog.htm

VAN BEMMELEN, Reinout Willem: Charles Edgar Stehn (1884–1945). In: Bulletin of Volcanology, Volume 8, Issue 1, S. 133–137, 1949.

VEIL, Stephan / BREEST, Klaus: The archaeological context of the art objects from the Federmesser site of Weitsche, Ldkr. Lüchow-Dannenberg, Lower Saxony (Germany) – a preliminary report. In: ERIKSEN, Bratlund: Recent Studies in the Final Palaeolithic of the European Plain. Aarhus University, S. 129–138, Aarhus 2002.

VERWORN, Max: I. Einleitung. In: Der diluviale Menschenfund von Oberkassel bei Bonn, S. 1–5, Wiesbaden 1919.

VERWORN, Max: IV. Die Kulturbeigaben. In: Der diluviale Menschenfund von Obercassel bei Bonn, S. 186, Wiesbaden 1919.

VERWORN, Max / BONNET, Robert / STEINMANN, Gustav: Diluviale Menschenfunde von Obercassel bei Bonn: In: Die Naturwissenschaften 27, S. 649/650, Berlin, Heidelberg 1914.
VERWORN, Max / BONNET, Robert / STEINMANN, Gustav: Der diluviale Menschenfund von Obercassel bei Bonn, Wiesbaden 1919.
WIKIPEDIA (Online-Lexikon): Doppelgrab von Oberkassel.
https://de.wikipedia.org/wiki/Doppelgrab_von_Oberkassel
WIKIPEDIA (Online-Lexikon): Gustav Steinmann
https://de.wikipedia.org/wiki/Gustav_Steinmann
WIKIPEDIA (Online-Lkexikon): Laacher See.
https://de.wikipedia.org/wiki/Laacher_See
WIKIPEDIA (Online-Lexikon): Max Verworn
https://de.wikipedia.org/wiki/Max_Verworn
WIKIPEDIA (Online-Lexikon): Robert Bonnet.
https://de.wikipedia.org/wiki/Robert_Bonnet
WÜLLER, Birgit: Die chronologische Stellung des „contour découpé" aus dem Magdalénien-Grab von Oberkassel bei Bonn. In: Archäologische Informationen 16, S. 144–146, Köln 1993.
WÜLLER, Birgit: Die Ganzkörperbestattungen des Magdalénien. In: Universitätsforschungen zur prähistorischen Archäologie. Nr. 57, Bonn 1999.

Autor Ernst Probst.
Foto: Klaus Benz, Fotograf, Mainz-Laubenheim

Der Autor

Ernst Probst, geboren am 20. Januar 1946 in Neunburg vorm Wald im bayerischen Regierungsbezirk Oberpfalz, ist Journalist und Wissenschaftsautor. Er arbeitete von 1968 bis 1971 bei den „Nürnberger Nachrichten", von 1971 bis 1973 in der Zentralredaktion des „Ring Nordbayerischer Tageszeitungen" in Bayreuth und von 1973 bis 2001 bei der „Allgemeinen Zeitung", Mainz. In seiner Freizeit schrieb er Artikel für die „Frankfurter Allgemeine Zeitung", „Süddeutsche Zeitung", „Die Welt", „Frankfurter Rundschau", „Neue Zürcher Zeitung", „Tages-Anzeiger", Zürich, „Salzburger Nachrichten", „Die Zeit", „Rheinischer Merkur", „Deutsches Allgemeines Sonntagsblatt", „bild der wissenschaft", „kosmos", „Deutsche Presse-Agentur" (dpa), „Associated Press" (AP) und den „Deutschen Forschungsdienst" (df). Aus seiner Feder stammen die Bücher „Deutschland in der Urzeit" (1986), „Deutschland in der Steinzeit" (1991), „Rekorde der Urzeit" (1992), „Dinosaurier in Deutschland" (1993 zusammen mit Raymund Windolf) und „Deutschland in der Bronzezeit" (1996). Von 2001 bis 2006 betätigte sich Ernst Probst als Buchverleger sowie zeitweise als internationaler Fossilienhändler und Antiquitätenhändler. Insgesamt veröffentlichte er mehr als 300 Bücher, Taschenbücher, Broschüren und über 300 E-Books.

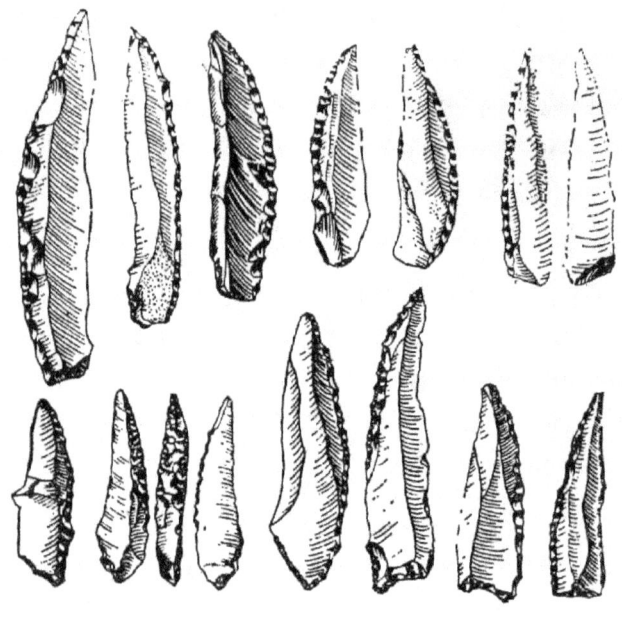

*Ausschnitt einer Zeichnung, die auch Federmesser
aus dem Spätpaläolithikum zeigt,
aus dem Werk „Der Neanderthaler-Fund" (1888)
von Hermann Schaaffhausen (1816–1893)*

Bücher von Ernst Probst

(Auswahl)

Als Mainz im Meer lag
Als Mainz noch nicht am Rhein lag
Christl-Marie Schultes. Die erste Fliegerin in Bayern
(zusammen mit Theo Lederer)
Der Europäische Jaguar
Der Mosbacher Löwe. Die riesige Raubkatze aus Wiesbaden
Der Rhein-Elefant. Das Schreckenstier von Eppelsheim
Der Schwarze Peter. Ein Räuber im Hunsrück und
Odenwald
Der Ur-Rhein. Rheinhessen vor zehn Millionen Jahren
Deutschland im Eiszeitalter
Deutschland in der Frühbronzezeit
Deutschland in der Mittelbronzezeit
Deutschland in der Spätbronzezeit
Die Aunjetitzer Kultur in Deutschland
Die Straubinger Kultur in Deutschland
Die Singener Gruppe
Die Arbon-Kultur in Deutschland
Die Ries-Gruppe und die Neckar-Gruppe
Die Adlerberg-Kultur
Der Sögel-Wohlde-Kreis
Die nordische Bronzezeit in Deutschland
Die Hügelgräber-Kultur in Deutschland
Die ältere Bronzezeit in Nordrhein-Westfalen
Die Bronzezeit in der Lüneburger Heide
Die Stader Gruppe

Die Oldenburg-emsländische Gruppe
Die Urnenfelder-Kultur in Deutschland
Die ältere Niederrheinische Grabhügel-Kultur
Die Unstrut-Gruppe
Die Helmsdorfer Gruppe
Die Saalemündungs-Gruppe
Die Lausitzer Kultur in Deutschland
Die Dolchzahnkatze Megantereon
Die Dolchzahnkatze Smilodon
Die Säbelzahnkatze Homotherium
Die Säbelzahnkatze Machairodus
Die Schweiz in der Frühbronzezeit
Die Rhône-Kultur in der Westschweiz
Die Arbon-Kultur in der Schweiz
Die Schweiz in der Mittelbronzezeit
Die Schweiz in der Spätbronzezeit
Dinosaurier von A bis K. Von Abelisaurus bis zu Kritosaurus
Dinosaurier von L bis Z. Von Labocania bis zu Zupaysaurus
Der rätselhafte Spinosaurus. Leben und Werk des Forschers Ernst Stromer von Reichenbach
Eiszeitliche Geparde in Deutschland
Eiszeitliche Leoparden in Deutschland
Frauen im Weltall
Hildegard von Bingen. Die deutsche Prophetin
Höhlenlöwen. Raubkatzen im Eiszeitalter
Julchen Blasius. Die Räuberbraut des Schinderhannes
Johann Jakob Kaup. Der große Naturforscher aus Darmstadt
Königinnen der Lüfte
Königinnen der Lüfte in Deutschland

Königinnen der Lüfte in Europa
Königinnen der Lüfte in Frankreich
Königinnen der Lüfte in England und Australien
Königinnen der Lüfte in Amerika
Königinnen der Lüfte von A bis Z
Königinnen des Tanzes
Malende Superfrauen
Meine Worte sind wie die Sterne Die Entstehung der Rede des Häuptlings Seattle (zusammen mit Sonja Probst, verheiratete Werner)
Monstern auf der Spur. Wie die Sagen über Drachen, Riesen und Einhörner entstanden
Neues vom Ur-Rhein. Interview mit dem Geologen und Paläontologen Dr. Jens Sommer
Österreich in der Frühbronzezeit
Österreich in der Mittelbronzezeit
Österreich in der Spätbronzezeit
Pompadour und Dubarry. Die Mätressen von Louis XV.
Raub-Dinosaurier von A bis Z. Mit Zeichnungen von Dmitry Bogdanav und Nobu Tamura
Rekorde der Urmenschen. Erfindungen, Kunst und Religion
Rekorde der Urzeit. Landschaften, Pflanzen und Tiere
Säbelzahnkatzen. Von Machairodus bis zu Smilodon
Säbelzahntiger am Ur-Rhein. Machairodus und Paramachairodus
Superfrauen aus dem Wilden Westen
Superfrauen 1 – Geschichte
Superfrauen 2 – Religion
Superfrauen 3 – Politik
Superfrauen 4 – Wirtschaft und Verkehr
Superfrauen 5 – Wissenschaft

Superfrauen 6 – Medizin
Superfrauen 7 – Film und Theater
Superfrauen 8 – Literatur
Superfrauen 9 – Malerei und Fotografie
Superfrauen 10 – Musik und Tanz
Superfrauen 11 – Feminismus und Familie
Superfrauen 12 – Sport
Superfrauen 13 – Mode und Kosmetik
Superfrauen 14 – Medien und Astrologie
Tony und Bruno Werntgen. Zwei Leben für die Luftfahrt (zusammen mit Paul Wirtz)
Was ist ein Menhir? Interview mit dem Mainzer Archäologen Dr. Detert Zylmann
Wer ist der kleinste Dinosaurier? Interviews mit dem Wissenschaftsautor Ernst Probst
Wer war der Stammvater der Insekten? Interview mit dem Stuttgarter Biologen und Paläontologen Dr. Günther Bechly
6000 Jahre Kastel. Von der Steinzeit bis zum 21. Jahrhundert
5000 Jahre Kostheim. Von der Steinzeit bis zum 21. Jahrhundert
Kastel in der Vorzeit. Von der Jungsteinzeit bis Christi Geburt
Kostheim in der Vorzeit. Von der Jungsteinzeit bis Christi Geburt
Wiesbaden in der Steinzeit
Die Altsteinzeit. Eine Periode der Steinzeit in Europa vor etwa 1.000.000 bis 10.000 Jahren
Anno 1.000.000. Deutschland in der älteren Altsteinzeit
Das Protoacheuléen. Eine Kulturstufe der Altsteinzeit vor etwa 1,2 Millionen bis 600.000 Jahren
Das Altacheuléen. Eine Kulturstufe der Altsteinzeit vor etwa

600.000 bis 350.000 Jahren
Das Jungacheuléen. Eine Kulturstufe der Altsteinzeit vor etwa 350.000 bis 150.000 Jahren
Das Spätacheuléen. Eine Kulturstufe der Altsteinzeit vor etwa 150.000 bis 100.000 Jahren
Die Lanze von Lehringen. Der Jahrhundertfund aus der Altsteinzeit
Das Moustérien. Die große Zeit der Neanderthaler
Das Aurignacien. Eine Kulturstufe der Altsteinzeit vor etwa 40.000 bis 31.000 Jahren
Das Gravettien. Eine Kulturstufe der Altsteinzeit vor etwa 35.000 bis 24.000 Jahren
Das Magdalénien. Eine Kultustufe der Altsteinzeit vor etwa 18.000 bis 12.000 Jahren
Die Hamburger Kultur. Eine Kulturstufe der Altsteinzeit vor etwa 15.700 bis 14.200 Jahren
Die Federmesser-Gruppe. Eine Kulturstufe der Altsteinzeit vor etwa 14.000 bis 12.800 Jahren
Das Steinzeit-Grab von Bonn-Oberkassel. Ein rätselhafter Fund aus der Zeit der Federmesser-Gruppen
Die Ahrensburger Kultur. Eine Kulturstufe der Altsteinzeit vor etwa 12.760 bis 11.650 Jahren
Das Steinzeit-Grab von Bonn-Oberkassel. Ein rätselhafter Fund aus der Zeit der Federmesser-Gruppen
Die Altsteinzeit in Österreich. Jäger und Sammler vor 250.000 bis 10.000 Jahren
Das Jungacheuléen in Österreich
Das Moustérien in Österreich
Das Aurignacien in Österreich
Das Gravettien in Österreich
Das Magdalénien in Österreich

Das Magdalénien in der Schweiz
Die Mittelsteinzeit
Deutschland in der Mittelsteinzeit
Die Mittelsteinzeit in Baden-Württemberg
Die Mittelsteinzeit in Bayern
Die Mittelsteinzeit in Rheinland-Pfalz
Die Mittelsteinzeit in Hessen
Die Mittelsteinzeit in Nordrhein-Westfalen
Die Mittelsteinzeit in Niedersachsen
Die Mittelsteinzeit in Thüringen, Sachsen-Anhalt, Sachsen und im südlichen Brandenburg
Die Mittelsteinzeit in Schleswig-Holstein, Mecklenburg und im nördlichen Brandenburg
Die Jungsteinzeit. Eine Periode der Steinzeit vor etwa 5.500 bis 2.300 v. Chr.
Die ersten Bauern in Deutschland. Die Linienbandkeramische Kultur (5.500 bis 4.900 v. Chr.)
Die Ertebölle-Ellerbek-Kultur. Eine Kultur der Jungsteinzeit vor etwa 5.000 bis 4.300 v. Chr.
Die Stichbandkeramik. Eine Kultur der Jungsteinzeit vor etwa 4.900 bis 4.500 v. Chr.
Die Oberlauterbacher Gruppe. Eine Kulturstufe der Jungsteinzeit vor etwa 4.900 bis 4.500 v. Chr.
Die Hinkelstein-Gruppe. Eine Kulturstufe der Jungsteinzeit vor etwa 4.900 bis 4.800 v. Chr.
Die Rössener Kultur. Eine Kultur der Jungsteinzeit vor etwa 4.600 bis 4.300 v. Chr.
Die Kupferzeit. Wie die ersten Metalle in Mitteleuropa bekannt wurden
Die Michelsberger Kultur. Eine Kultur der Jungsteinzeit vor etwa 4.300 bis 3.500 v. Chr.

Das Rätsel der Großsteingräber. Die nordwestdeutsche Trichterbecher-Kultur vor etwa 4.300 bis 3.000 v. Chr.
Die Baalberger Kultur. Eine Kultur der Jungsteinzeit vor etwa 4.300 bis 3.700 v. Chr.
Pfahlbauten in Süddeutschland. Dörfer der Jungsteinzeit und Bronzezeit an Seen, Mooren und Flüssen
Die Altheimer Kultur / Die Pollinger Gruppe. Zwei Kulturen der Jungsteinzeit vor etwa 3.900 bis 3.500 v. Chr.
Die Salzmünder Kultur. Eine Kultur der Jungsteinzeit vor etwa 3.700 bis 3.200 v. Chr.
Die Chamer Gruppe. Eine Kulturstufe der Jungsteinzeit vor etwa 3.500 bis 2.800 v. Chr.
Die Wartberg-Kultur. Eine Kultur der Jungsteinzeit vor etwa 3.500 bis 2.800 v. Chr.
Die Walternienburg-Bernburger Kultur. Eine Kultur der Jungsteinzeit vor etwa 3.200 bis 2.800 v. Chr.
Die Kugelamphoren-Kultur. Eine Kultur der Jungsteinzeit vor etwa 3.100 bis 2.700 v. Chr.
Die Schnurkeramischen Kulturen. Kulturen der Jungsteinzeit von etwa 2.800 bis 2.400 v. Chr.
Die Einzelgrab-Kultur. Eine Kultur der Jungsteinzeit vor etwa 2.800 bis 2.300 v. Chr.
Die Schönfelder Kultur. Eine Kultur der Jungsteinzeit vor etwa 2.800 bis 2.200 v. Chr.
Die Glockenbecher-Kultur. Eine Kultur der Jungsteinzeit vor etwa 2.500 bis 2.200 v. Chr.
Die ersten Bauern in Österreich. Die Linienbandkeramische Kultur vor etwa 5.500 bis 4.900 v. Chr.
Die Lengyel-Kultur in Österreich. Eine Kultur der Jungsteinzeit vor etwa 4.900 bis 4.400 v. Chr.
Die Mondsee-Gruppe. Eine Kulturstufe der Jungsteinzeit

vor etwa 3.700 bis 2.900 v. Chr.
Die Badener Kultur in Österreich. Eine Kultur der Jungsteinzeit vor etwa 3.600 bis 2.900 v. Chr.
Die ersten Pfahlbauten in der Schweiz. Die Anfänge der Pfahlbauforschung und die Egolzwiler Kultur
Die Cortaillod-Kultur. Eine Kultur der Jungsteinzeit vor etwa 4.000 bis 3.500 v. Chr.
Die Pfyner Kultur in der Schweiz. Eine Kultur der Jungsteinzeit vor etwa 4.000 bis 3.500 v. Chr.
Die Horgener Kultur in der Schweiz. Eine Kultur der Jungsteinzeit vor etwa 3.500 bis 2.800 v. Chr.
Die Schnurkeramiker in der Schweiz. Eine Kultur der Jungsteinzeit vor etwa 2.800 bis 2.400 v. Chr.

www.ingramcontent.com/pod-product-compliance
Lightning Source LLC
Chambersburg PA
CBHW071409210526
45465CB00001B/310